伊藤まさこの　買いものバンザイ！

伊藤まさこ

集英社

高校生のときに買ったフランス製の柳のかご。
いいなぁ、すてきと毎日、寄り道して眺めていたものが、
まさかある日セールになるとは！
とはいえそれでも当時の私にとっては高嶺の花。
えいやっと清水買いしたのを覚えています。

それから30年あまり。

時を経てかごはずいぶんと味わい深くなりました。

「いいものはいつまでもいい」

それを知った貴重な買いもの体験です。

そして下の写真は、
18歳、初めて訪れたパリでのひとコマ。
アニエスベーのプレッションに、リーバイスの５０１をはいた私。
詳しくはＰ１０２にて！

目次

買わぬは一生の後悔

そんなに変わってるかな、私の買いもの

私は、今コンビニの冷蔵庫の中にずらりと並ぶたくさんの飲みものの中から、何を買おうか考えています。

喉が渇いていたから、水を買いに来ただけのはずなのに、なにやらみかん味なんてのもあるし、シュワッとした炭酸水もある。炭酸水を選ぶのなら、いっそのことビール飲んじゃおうか。いや、やっぱり昼だからやめておこう。そんなことを考えながら、いつもの飲み慣れた水をレジに持って行くのでした。

「水を買う」という、ただそれだけのことでも、お財布からお金を出すまでに、いろんな葛藤や想いが頭の中を（その間、およそ0・5秒）渦巻く。

たかが100円、されど100円。お金を払うんだもの、そのときの自分にぴったりなものを選びたい。買うときの私は真剣です。

さて、この本では「買う」について、私が日々思っていることを書きました。

もちろんタイトルに「バンザイ！」がついているわけですから、私の中で買いものは「楽しいもの」と考えられています。けれどもその「楽しい」は、失敗をたくさん重ねて、

行き着いた「楽しい」なのですけれどね。

好きだから買う。
たくさん買う。
時には、えいやっ！　と気合入れて買う。
市場で買う。
重くたって買う。
朝一番乗りで買う。
30年ぶりに買う。
失敗を恐れずに買う。
同じようなものを買う。
通販でついポチリと買う。
街を買い尽くす。
仕事で尋常でないくらいの雑貨を買う。
あの人のおすすめを買う。

「買う」について考えたら、こんなに項目が並びました。
　基本は即断即決、気持ちはいつでも前のめり。時々変って言われるけれど、本人いたって真面目です。だって買いものは私の人生の一部なのだから！

フィンランドの蚤の市でひと目惚れした鋳物の魚。
何に使うの？　と聞いたけれど、結局わからずじまい。
でもいいの、かわいいから。
今は時おり眺めているだけだけれど、
いつかきっと出番が来るに違いない。

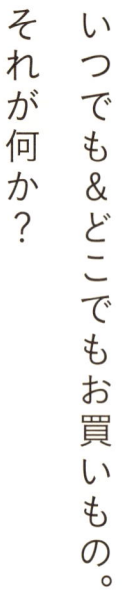

思い返せば、
いつでも&どこでもお買いもの。
それが何か？

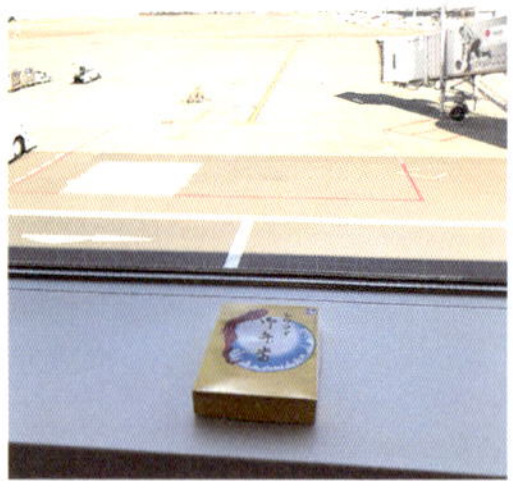

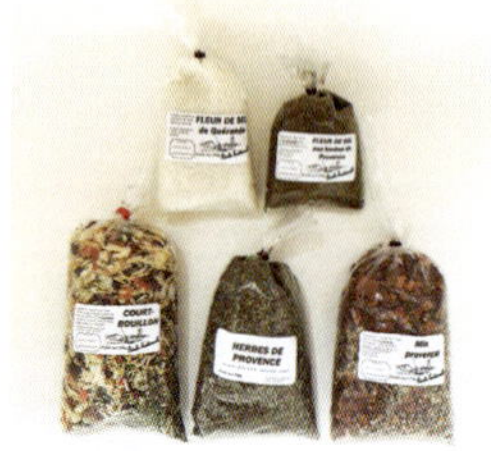

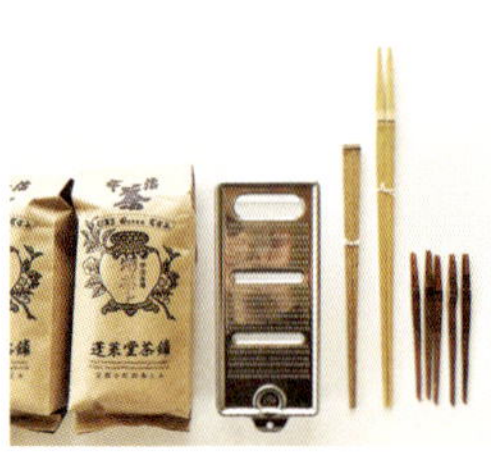

MANDELMANNS
KÖKSBOK

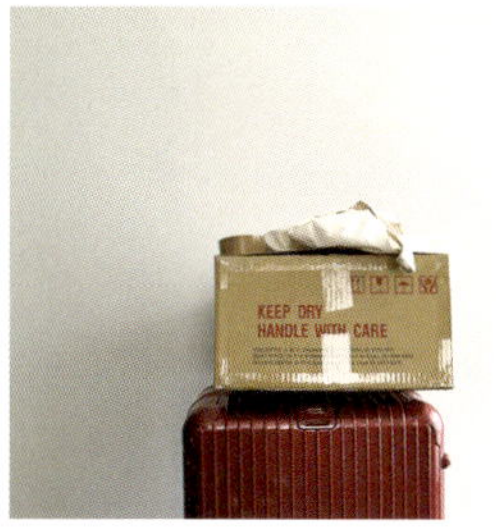
KEEP DRY
HANDLE WITH CARE
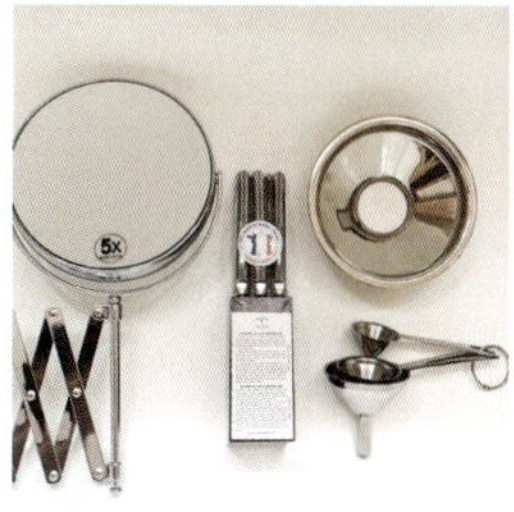

Pelican
ペリカン

DEAN & DELUCA

da rosa

STOOL 60
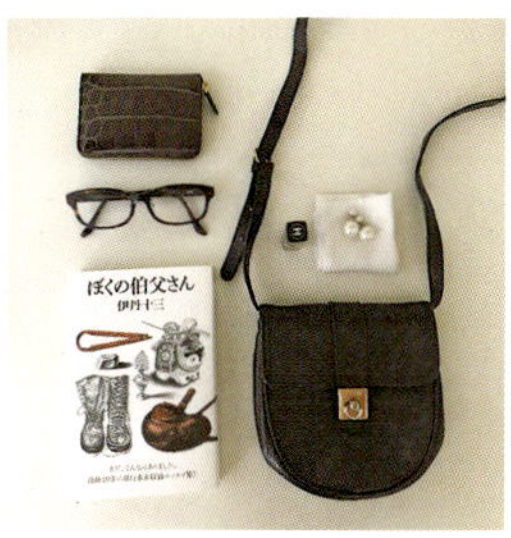
ぼくの伯父さん
伊丹十三

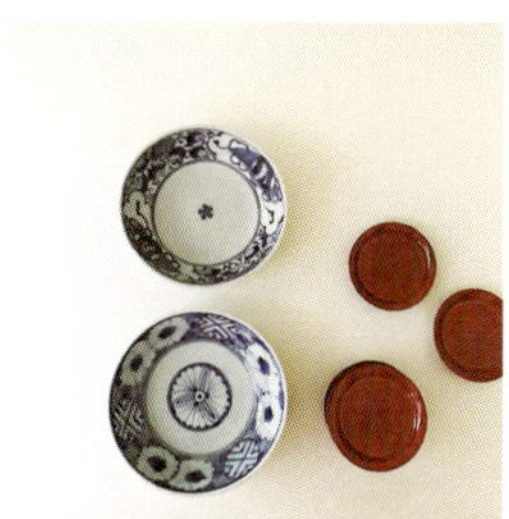

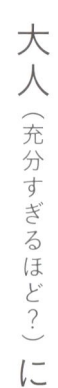

やっぱり大人（充分すぎるほど？）になると、買いものも変わります。

ワンピースとナイロンのソックスと。冬はタイツとの相性もいいグッチの靴。お揃いっぽいバッグもあって、それもいいなぁと思ったけど「それは似合わない」と買いものにつき合ってくれた人のクールなひと言であきらめた。

ひと目でどこのブランドかわかるものを買ったのは、おそらくこれが初めて。かなりの存在感ですが、足元にあるので、そんなに主張しない。ゴツめのヒールがなかなかいいでしょ。

「デパートの上の方の階（高級メゾンのことですね）がこわい」とは、元某おしゃれ雑誌の編集長のお言葉。たしか私より10歳くらい年上、しかも仕事柄、そういったブランドとはおつき合いもあるでしょうに、とびっくり。

「そうなのよ、でもなんだか気後れしちゃうのよね」ですって。たしかに私も、その気持ち痛いほどわかる。わかるけど、でもショーウィンドウをチラチラ見ると、やっぱりいい！　すてき!!　と心から思えるものばかり。

そこで意を決して入ってみたところ。なんだ全然大丈夫じゃないの。サービスも一流で、たとえ買わなくとも、気持ちよく店を後にできる。「さすが」のひと言に尽きるのでした。

けれども、と私は思う。これが30代の頃だったらどうかなって。年を重ねて、だんだんと気持ちが図太くなって、ちょっと（というかかなりのときもある）無理すれば買える財力もついてきて。だからこそ今！　のブランド買いなのです。

大きな方は直径16㎜ほどあるディオールのピアス。それが耳の裏側にくるのですが、チラチラのぞく様子がものすごくかわいい。つけているとよく「どこの？」と聞かれる気に入りです。指輪もあまりしないアイテムでしたが、最近つねに左手の人さし指と中指にゴールドのものをつけている。慣れると、似合ってくるものなのです。

老眼鏡は、メガネのセレクトショップで。初めての買いものに一瞬「？？？」となりましたが、なんてことはない、鏡を見てピンときたものを買えばいいのです。

50歳近くなってきて、最近の驚きは、大ぶりのピアスに目がいくようになってきたこと。前だったら、さりげない耳元こそおしゃれ、みたいなところがあったのに、自分がだんだん乾燥してきてつやが減ったのか、そのぶん、輝く大きなもので補わなければならなくなってきた。

似合うようになった理由がちょっと悲しくはあるけれど、年をとるってそういうこと。「おしゃれの幅が広がった」と自分に言い聞かせています。

「おしゃれの幅」でいうなら、なんといっても私にとっての新しいアイテムはメガネではないでしょうか。そう、老眼鏡。

今はリーディンググラスなんて洒落た呼び名もあるみたいだけど、私はあえて言います「老眼鏡」と。なんだかかわいくっていいじゃない？

年を重ねて似合わなくなったものは、もちろんたくさんある。でも、それを嘆くより、新しい光に向かっていきたい。私がすてきだなぁって思う、おしゃれのセンパイ方はみんなそうだもの。

人呼んで、
「量」の女。
きくらげなんか
〝枕〟くらい買っちゃう。

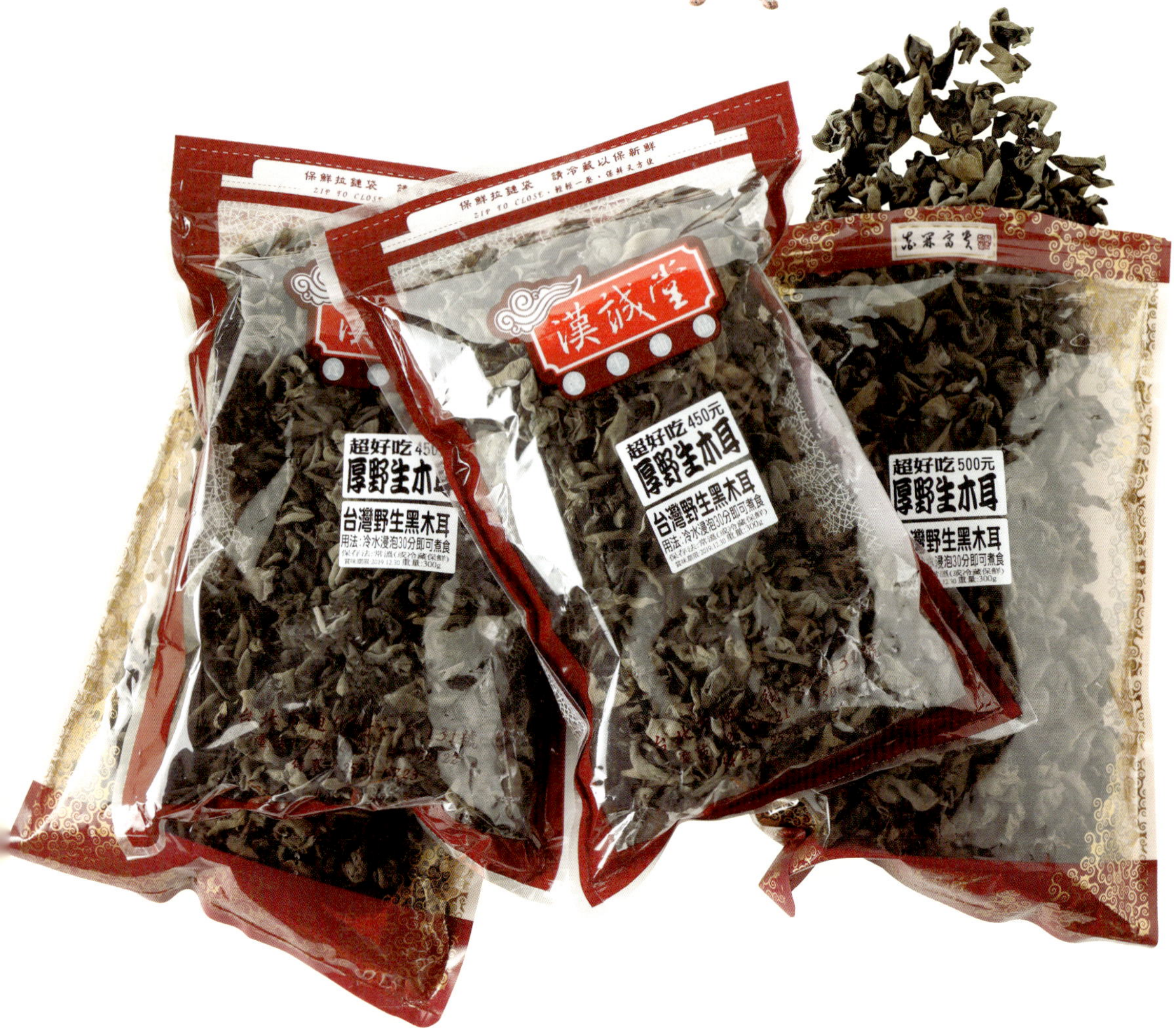

食い意地が張っているため、好物のストックがないと不安になる。だから台湾を旅したときに、これでもか！　というくらい、きくらげを買うのです。

　ええ、枕くらい。

「日本でも売ってるじゃない？」という声が聞こえてきそうですが、もちろんあることはあります。でも台北の「迪化街」という問屋街で手に入る、このきくらげが本当においしい。しかも安い。

　茹でたときに、ちょっとポルチーニにも似た、かぐわしい香りがするこのきくらげを本当に愛しています。

　もちろん、これに行き着くまでには失敗もありました。ちょっと薄っぺらかったり、大きすぎたり、乾物臭が強すぎたり。うーんこれじゃない、あれでもないと納得いかぬ私を見かねたのか、台湾の友人が「台湾産の、小ぶりなものを選ぶといいよ」とアドバイス。

　そうかそうか、なるほどね。

　そうして出向いた迪化街で出会ったのがこれ、というわけ。袋には「厚野生木耳」と書いてありますが、野生かどうかは不明。でも小さいながらもぷりっとした歯ごたえがあって、存在感がある。ひ弱な感じがしないところに勝手に「野生」を感じています。

　茹でてゴマ油や酢、しょうゆで和えものにしたり炒めものやスープに入れたり。わが家の食卓になくてはならない食材。

　聞くところによると、体にとてもよいらしいとかで、「大好物で体にもよくて最高だ」と悦に入っているのです。

　今のところストックはあと一袋。もうそろそろ旅の算段をしないと。

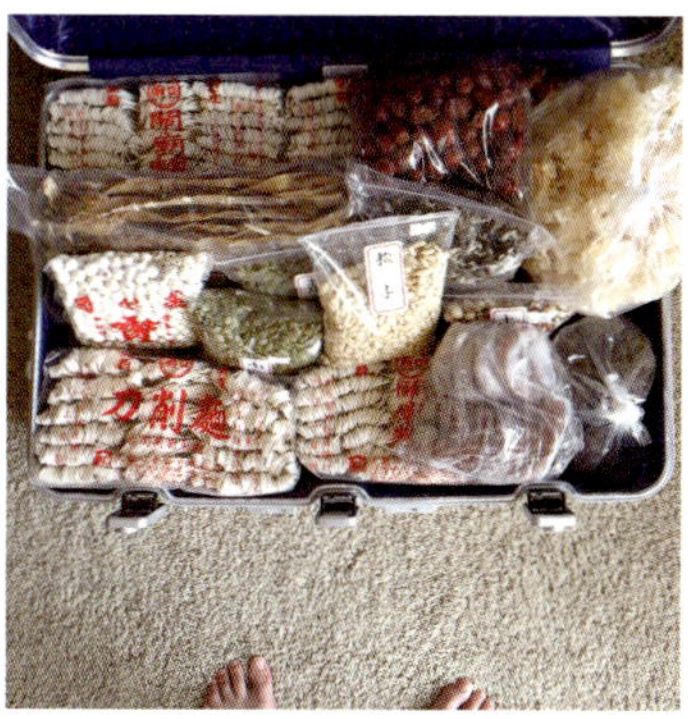

きくらげ以外に迪化街では乾物や麺を調達。比較的軽いけれど、かさばるのが難点といえば難点。いつも、税関でスーツケースを開けられやしないかとひやひや。悪いことはしてないけれど、かなり怪しいから。

買いものDNA?
父、
ワニを買う。

仕事の関係で、海外によく行っていた父。ハワイでは私たち三姉妹にムームー、アメリカではラブリーなチェックのワンピース。世界各国の絵本も。実家のアルバムには、名所旧跡の前で撮った父の写真がたくさん。

「パパがね、洗濯機も買って、テレビも買った。さあ結婚しようって言うのよ」

母に、父との結婚のいきさつを聞いたら、こんな答えが返ってきました。今や、あって当たり前になっている、洗濯機もテレビも、当時としてはとても珍しい存在。「うちに、お客さまがわざわざテレビを観に来たのよ」と母。

「あと結婚してびっくりしたことはね」。うんうん、と話を聞くとなんと、父は、靴下からパンツにいたるまで、すべてクリーニングに出していたというではありませんか。

「当時はすっごく忙しかったからね、洗濯しているヒマなんてなかったのよね、きっと」。強引で豪快。なんとも父らしいエピソードです。

私が育った横浜の家の土地も、母にはなんの相談もなく、ある日「土地を買った」と事後報告。今の時代の夫婦関係だったらきっと考えられないことだけれど、「でも、今となって思えばパパと結婚してよかったわ」ですって。

一番おもしろいなと思っているのは、ある日、ワニを買ってきちゃったという逸話。しかも小さいとはいえ2匹。

私が生まれる前の話なので、どんなふうに育てていたのかわからないけれど、母はそれがイヤでしょうがなかったとか。「買ってくるのはパパで、面倒見るのは私でしょう?」。たしかに。そういえば、ワニの写真が一枚も残っていないのは、母の憂いのせいなのかもしれません。

ところで私、好きな男の人のタイプは？　と聞かれると、スマートな人と答えていたのですが、最近、それ以上に豪快な人が好きってことがわかりました。ふつうの枠をどんどん飛び越え、自分の世界を切り拓く、そんなタイプが。さすがにワニはちょっとあれだけれど、一緒にいたらきっと楽しいにちがいない。

そんな父も、10年ほど前に他界して、今は横浜の丘の上の樹の下で、眠っています。あちらでは、どんなふうに過ごしているのかしら、ワニ買ってないといいけれど。

清水買い、と呼んでます。

直径14cm、高さ11cm。堂々とした風情の合鹿椀。お雑煮も、煮物も、お粥ですら、これに盛ると「やるな」という見かけになる。買ってよかったと心から思う器。

金沢の街をぶらぶら歩いていると、とある骨董屋のショーウィンドウに目が留まりました。大きなお盆と合鹿椀。作者は角偉三郎という能登で有名な漆芸家の作品です。

わぁ、かっこいい。というのが第一印象。と同時に、とにかくこれを家に持って帰らねば！　何だか使命感みたいな気持ちが湧きおこったのです。

が、あいにく店は定休日。それでも気になったので、後日、金沢に住む骨董に詳しい友人に見に行ってもらいました。

するとその友人「まさこさん、あれいいよ。かっこいいよ」と言うではありませんか。値段を聞くと、一瞬、無言になる金額。でもそりゃ、そうかも。なんといったって、ほかにはない凄みがあるもの。

一生ものだし、娘に引き継げるし、欲しいものを当分我慢すればいいのだ。

すぐさま友人に手配してもらい、私の手元に届いたのは、初めて見た日の1週間後。これを私は「遠隔操作清水買い」と呼んでいます。

35×50㎝のお盆。よいものはしまいこまずにどんどん使うべし、とばかりに日々、わが家の食卓に登場。
知人はこの倍の大きさを持っていて、それがなんともかっこいい。私もいつか……？

あの人の筋の通った買いっぷりが好き。

本棚にはおふたりの本がたくさん並んでいて、これはその一部。新潮社から出ているとんぼの本の向田さんの2冊は今でいうライフスタイルブック。時々パラパラめくりますがいつも新しい発見があります。右端、「好き」と言いきるタイトルが潔くて気持ちのいい高峰さんのエッセイ集。こんな〝姐さん〞が近くにいたらいいのになぁ。

3カ月分のサラリーを一枚のアメリカ製の水着に費やした向田邦子さん。「お茶ものまず、お弁当をブラ下げて通い、洋服の新調もすべてあきらめてのぜいたくでした」(『夜中の薔薇』所収「手袋をさがす」)というけれど、水着一枚のために、そんなことそうそうできるものではありません。

「ほどほどで満足するということがなく、もっと探せば、もっといいものが手に入るのではないか、とキョロキョロしているところがありました。」(同)

おもちゃでもセーターでも数は少なくてもいいから、いいものをとねだって大人たちの顰蹙(ひんしゅく)を買った、と自身の子ども時代を振り返ります。

この「手袋をさがす」というエッセイに書かれた、気に入った手袋が見つからなくて、風邪を引いてまでやせ我慢したという話、いかにも向田さんらしい。

水着も手袋もセーターも。それから器や食べるものにいたるまで、自分が「こう」と思ったものを買う。選ぶ基準は自分が好きなもの。ピンときたもの。そこには他者の目は入っていない。「モテ」など意識することもありません。

一本気で男振りのいいことこのうえないのに、写真で見る向田さんは、いつもエレガント。この塩梅のよさに、同性ながらグッとくるのです。しかも、買いものに出かけていざ財布を開けるとお金が足りない。じゃ、レモンやめます、さつま揚げやめます、なんて、ちょっとおっちょこちょいなところもまたいい。

一方こちらもこちらで小気味いい。

「キライなものはすべてブッ飛ばし、スキなものはナメてもいいほどいとおしくなる、というほど『好き嫌い』がはげしくなった。」(『いいもの見つけた』)というのは女優の高峰秀子さん。

そんな自分に「困ったこと」だと文章は続くのだけれど、あんまり困ってなさそうで、それがまたおかしい。

高峰さんの書くエッセイはどれも好きなのだけれど、なかでも『私のごひいき』という身の回りの小さな愛用品を紹介した本がいいのです。

カップ一杯分の紅茶をいれる「紅茶用ミニバスケット」、水に不自由する外国を旅するために買った「ぬれナプキン」。これなしではお風呂に入った気がしないという「ヘチマ」。200字に満たない中に好きな理由や買ったわけ、こう使う、なんて話がうまい具合に盛り込まれる。最後に「東急ハンズにあります」とか「〝アフタヌーンティー〟でみつけました」などの一文が添えられて、あの昭和を代表する名女優がハンズに行って探したのか、と驚くやら親しみを感じるやら。

「亀の子束子一つ、自分の気に入らない物は何一つ、この家にはありません」(『私のごひいき』)。そう明言していたという高峰さん。きっぷがよくて、かっこいい。

一本気、エレガント、茶目っ気、自分の選んだものを信じる眼。おふたりに共通するのはこんなところ。すてき、と思いつつ、ああなんてかわいんだろ、とキュンとくる。

こんな大人の女性に私もなりたい。

旅の出会いは一期一会。重さなんかにゃ負けられない。

　買いものはひとりが基本の私ですが、蚤の市や骨董市などは、友だちと行く方が楽しい。とはいえ、現地に着いたらまずは解散。それぞれのペースで回ります。

　さて、ひと通り買いものを終えて、集合場所に集まった私たち、「わーその器、いいと思ったけど迷ったんだー」とか「それかわいいねー、どこにあったの？」などとワイワイ。ね、みんなで行った方が楽しそうでしょう？

　この花柄のプレートは、2年前の北欧旅で見つけたもの。今まで、花柄（しかもピンクとか水色とか）のプレートなんて、全然目がいかなかったけれど、現地のマーケットでいい感じに時を重ねた様子を見て、俄然、欲しくなっちゃった。あっちのマーケットで2枚、こっちでもう1枚と買ううちに、友人たちも「この花柄、かわいいよ」などとすすめてくれて、手に入れたプレートは、全部で20枚以上。ホテルの部屋の床に戦利品をすべて並べると、その様子はさながらお花畑のようではありませんか。

埃まみれで売られていることもあるマーケット。でも見た目で判断してはいけません。洗ったらどうなるか？　つまり、アイドルの原石を探すような気持ちで選ぶことが大切。それから、もうひとつは、プレートの表面や端、裏をさわって、ダメージがないかチェックすること。そのため、手はまっ黒、自分自身も埃っぽくなりますが、いいものを探すにはそれくらいの根性も必要なのです。

シックなブラウンのプレートにはステーキを。花柄って意外にもいろんな料理との相性がいい。

さすがにパンパンに荷物が詰まったスーツケースを持ち上げたときは、一瞬「……」となりましたが、大丈夫。これくらい持てなくて、スタイリストをやってられますかっての！　という勇んだ気持ちで乗り切りました。

さて、家に帰って料理を盛ってみると、そこに現れたのは、今までの自分のテーブルにはなかった光景。新しい世界が広がって、なんだかものすごく新鮮。やっぱり買ってよかったなぁ、としみじみしたのでした。

間違い探し

あれ？
同じようなものばかり買ってる？

バターナイフ

イギリスの南東部にあるライという港町。アンティーク屋が軒を連ねるその街で、私が買ったのは、バターナイフ（一番右だけチーズナイフ）いろいろ。おだやかな朝の食事に合いそうなクリーム色の濃淡にまずはひと目惚れ。ひとつ2～3ポンドというかわいらしい値段にもぐっときた。かさばらないし、お土産にもできそうだなって。今、手元に残ったのはこの13本で、時々、並べてしげしげ見つめては、ああこの色いいな、バターみたいでおいしそうだな、なんて思うときが本当に幸せ！「全部同じに見える」なんて言わないで。

団扇

用途はひとつでも、形はいろいろ。バターナイフと同様、惹かれてやまないのが団扇です。持ち手や紙の質感、全体のフォルム。どれをとっても美しくて惚れぼれ。作った人の心意気がビシビシ伝わってくるのです。どちらかというと、これで涼をとるというよりは、時々出しては眺めて、という観賞用。

グリーン Vネック

ジョンスメドレーは永遠に好きなブランド。シーズンごとに1枚、また1枚と欲しくなる。微妙なブルーグリーンが魅力のニットは丈が短く全体のバランスを美しく見せてくれるところがいいんです。

ニットは首がすっきりして見える、Vネックが好み。鮮やかなグリーンのこのカーディガンはニットブランドSLOANE（スローン）のもので、シルク100%。体にしなやかに寄り添ってくれて着心地は抜群です。

持っているニットの60%くらいを占めるのがブルーからグリーンにかけてのVネック。ニットの入った引き出しを開けると、グラデーションになっていてすごくきれい。好きな色はついつい買っちゃうようです。

同じ鮮やかグリーンでも、こちらはウール100%。丈も袖丈もより短いし、編み地も違うんです。実は買いものをしていて、目が行く率が高いのが「グリーン」と「Vネック」。つい買わぬよう自分を制しています。

白い器

お茶は、大きなカップで飲むよりも、マメにつぎ足していつも温かいのを飲みたい。だから蕎麦猪口より、ひと回り小さいこんなカップが、ちょうどいいのです。一見、似ていますが、粉引あり、釉薬がかかってつるんとしたものあり、マットなものありと、肌合いの表情はいろいろ。食器棚に並ぶ様子を見ては、同じ「白い器」といえど、いろんな景色があるものだなぁと感心。そしてまた違う白に会いたくて、この形の器を買うに違いない。白い器の旅は永遠に終わりそうにありません。

街を買い尽くせ！
ミッション①

中華街&元町 90分勝負！

ああ、そろそろ冷凍庫の肉まんがなくなるなぁ。そうだ今日、時間あるから中華街に買いものに行こう！

思い立ったら吉日。車を運転して、横浜中華街&元町ツアーに出かけます。ツアーと言ってもいつもたいていひとり。なぜならあちこち寄り道せずに、目的の店を回り、超特急で家に戻って仕事をするため。

9時半到着。観光客でごった返す昼前11時頃には退散。午前中の一時間半が勝負なのです。

横浜生まれの横浜育ち。小さな頃からなじみのあるこの街は、時の流れとともに変わってしまったところもあるけれど、変わらずにいてくれるところだって残ってる。家族で訪れた華正樓やもとまちユニオン（途中改装しましたが）など、訪れるとああ、いいなやっぱり好きだな、とうれしくなるのです。

中華街と元町のちょうど中間あたりに車を停めて、まずは元町のウチキパンへ。

何度も通っているからルートは頭に入っているし、買うものも決まっているので時間のロスはなし。効率よく回ると同

9:45AM

大木ハムで ハムやコーンドビーフを買う

元町のメイン通りから一本入った細い通りに佇むお肉屋さん。一見ふつうの店構えなのですが、実は肉好きをうならせる、知る人ぞ知る名店。ことに仕込みから仕上がりまで3週間も（！）かかるというコーンドビーフは必ず買うもののひとつ。午前中で売り切れてしまうこともある人気の商品なので早めに行くことをおすすめします。「アメリカに住んでいた人も懐かしがる」という本格的な一品ですよ。

ほかにもベイクドハムやレバーソーセージ、ソフトサラミ、ローストビーフなどもあって、毎回どれにしようか店先でキョロキョロ。その間にも地元のお客さまがひっきりなしにやってきます。生肉の品揃えも充実しているので、夏場は保冷バッグ（もちろん、もとまちユニオンオリジナル）を持参。翌朝はウチキパンの食パンにたっぷりのレタスとコーンドビーフのサンドイッチが定番。

9:30AM

ウチキパンでパンを買う

店のガラス窓に書かれたレトロな書体がなんとも感じいい、この街に古くからあるパン屋さん。友だちとプール帰りに寄ったこともある懐かしの店です。バターロールやクロワッサンなどの食事パンから、あんドーナツやクリームパンなどの菓子パン、カレーパンやメンチカツサンドなどの惣菜パンまでバラエティ豊かなラインナップ。娘はここのミートパイが大好物。元町に行くと「あれ買ってきてー」とお願いされるもののひとつ。

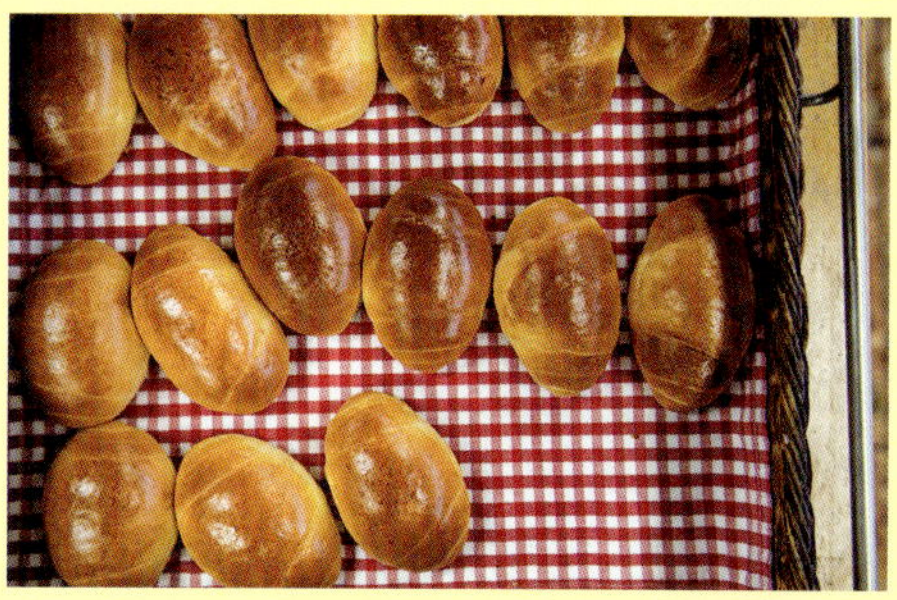

オープンは朝の9時。店に一歩足を踏み入れると、店内はパンを焼くにおいでいっぱい。それだけで幸せな気持ちになります。あれとこれと、そうだおやつにも、などとつぶやきながら、お買いもの。まだ1軒目だというのに、もう袋ふたつ分の荷物に。でも軽いからいいのだ。

10:00AM

もとまちユニオンで輸入食品や雑貨を買う

1958年に外国人向けにオープンしたスーパーマーケット。小学生の頃、元町に来ると、ここに寄り、チョコレートやクッキーを買ってもらっていました。外国のパッケージがかわいくて、すごくうれしかった記憶が。食品以外にデリや雑貨も充実。オリジナルの保冷バッグもおすすめです。

今日は、パスタや豆などの乾物と、これがあると台所の風景がかわいくなる&やる気が出る赤いゴム手袋を（薄手でしなやかで使い心地がいいんです）。横浜ツアーに出かけるときは、メモを忘れずに。あれとこれとと、頭の中で思っているだけではダメ。買いもれなきよう準備万端で出かけます。

10:15AM

喜久家でひと休み

横浜に居留地の名残が残る1924年に創業したという、お菓子屋さんが喜久家。ショーウィンドウに並ぶお菓子は見た目も味も懐かしくて愛らしい。包んでもらっている間、紅茶でひと休み。

ショーウィンドウの中から、その日の気分に合ったケーキを選びます。今日はチーズケーキ！　ラム酒が効いた生地をチョコレートの中で発酵させたラムボールもおすすめ。

10:35AM

頂好(ちょうこう)食品で焼餅や揚げパンを買う

実家が中華街、という生粋の浜っ子の友人に教えてもらって以来、中華街に来たときには必ず寄るようになって20年。店先にはゴマ団子や大根餅、マーラーカオなどがずらりと並ぶ楽しげなお店。どれも胃にやさしくしみる味わい。

市場通りの端っこにあるお店。元は食材が並ぶ市場だったというこの通りはいつもにぎやか。雨の日は臨時休業することもあるのでご注意あれ。

10:45AM

源豊行本店で甜麺醤など中華調味料を買う

甜麺醤や豆豉、豆板醤など、中華街で調味料を買いたいとき、ここに来ればなんでも揃う。ツアーの最後の方にこのお店を持ってきたのは瓶関係の買いものが多いから。青島ビールや甕（かめ）出しの紹興酒も。

お店は、中華街大通りと市場通りの角。コンパクトな店内に、ぎっしりと商品が並びます。食べ方や調理法などわからないことがあったら店員さんに聞いて。親切に相談に乗ってくれます。

11:00AM

華正樓 新館で肉まんや中華菓子を買う

家族で食事といえば、ここ華正樓、というのが伊藤家のならわし。帰りに１階のショップに寄って、肉まんや中華菓子を買う、というのも通例でした。美しい中華菓子はお土産にしても喜んでいただけます。

通い始めて40年以上（！）の古いおつき合い。月餅やパイなどの中華菓子は好きな数だけ詰め合わせに。もちろん肉まんを買うことも忘れずに。

時に、着実においしい買いものが増えていく（しかも途中に休憩も入れて）大充実の90分。時間に余裕のあるときは、最後に華正楼でトマトそばなどを食べることも。一度、友人と回ったことがありますが、「ほんとに食い意地張ってるよね」とあきれてましたっけ。

ずしりと重くなった荷物を提げて車に向かうときの私の表情はきっと満足げ。いいんです、たとえ食い意地が張っているとあきれられようとも。

さあ、今夜は肉まんとお惣菜を蒸して、青島ビールと紹興酒を飲もう。あとは青菜の炒めものかなんかさえあれば最高。

赤が印象的な中華街のショッピングバッグ。全部持つとかなりの重さ。

まさこと語ろう！ ①

担当編集が読者になり代わり、伊藤さんに突撃する「まさこと語ろう！」。本作りの中で感じたアレコレをじっくりお聞きしました。

—今回のテーマは買いもの！

伊藤（以下**ま**）（打ち合わせで）何回も言ってるけど、自分のことって……。

—「わかんない」って言ってたよね。

ま そう。自分は普通だと思ってます（キッパリ）。

—ふむ。自分では普通だと思ってるけど、人からは「変だ」って言われる。

ま そうですよねえ。

—でもはたから見たら、「伊藤さんってすてきなものを買ってるんだろうな」とか「すてきなものに囲まれてるんだろうな」って思われてるわけでしょ。伊藤さんの普通ってみんなの普通じゃないかも、みたいなことなんじゃないかな。

ま うーん、でも買いものしない人、いないじゃないですか。

—はい。

ま 日々、何かしら「選択」。選択なんですよ、買いものっていうのは。原稿書いててそれに気づきました。

—そっかー。

ま これにしようか、それともあれにしようか？　野菜ひとつ買うにしても、新鮮さや値段を気にするわけでしょ？　私の場合は、その選択の判断が人より早かったり、「絶対こっち！」みたいな、気持ちの向かい方が人より強い気はするけど。

—「絶対」こっち。

ま この前、仕事仲間と台所のスポンジの話になって。「すっごく汚れが落ちるんだけど、すっごく変なピンク色なんです」で、その人は変なピンク色には目をつぶって、汚れが落ちる方を取った。私の場合は、かわいいとかきれい、が何においても最優先されるから、「変なピンク」は絶対買わない。

—そうでしょうね。

ま そうそう。

—落ちるっていう意味でいいスポンジ。

ま そう。なんでこのデザインって。

—なるほど。

ま でも、みんなは買う。落ちるから。私だったら、それよりも嫌なものを買わなくていいように汚れをためないとか、そっちに気が回るっていうか。

—なるほどね。

ま そうなんです。

—スポンジにまで強い思い入れ。

ま 毎日使うものなんで。

—そうか。

ま 目に入るものが、ね、美しいものじゃないと、ちょっと嫌だ。

—まぁね。ということは、子どもの頃から美しいものに囲まれてたんでしょ。

ま うち？　実家ですか。そんなことないですよ。

—えー？　だって、ほら、引き出しもののタオルとか、そういうの。

ま ありましたよ。

—え？　ほんとに？　（私は）早くひとり暮らしして、シンプルなタオルで揃えたいって思ってた。

ま　ふふふ。そうですよね。うちの母も、「でも、何か、もらっちゃうのよね。いつか真っ白で揃えたいわ」とか言って。大人になってから買ってあげましたけどね。白いタオルをゾロッと。

―　出た！　一気買い。

ま　一気買いができるって大人の証しだと思う。何年か前、『ガラスの仮面』を全巻買ったとき、「私、大人になったんだぁ」って実感したもの。子どもの頃は、少ないお小遣いの中から、毎月1冊ずつ買ってたから……。あと、ここ10年くらい、毎年夏にスペインのカヴァ（1000円くらいの）をダース買いしてるけど、それを始めたときも「私、大人になったぁ」って思った。

―　そういや、ワタナベさん（この本のデザイナー）が、この前、人が食べるものでできてるように、買うものでできてるって話してたよね。

ま　おおー！

―　覚えてない？

ま　覚えてない。そっか……。

―　これ（でき上がったページ）見ると？

ま　確かに、そうかも。

―　「伊藤まさこってこういう人」っていうのがいつの間にかテーマになってた。

ま　名言、名言、ヒロミちゃん。

―　ですよね。

ま　確かに、何をどう買うかで暮らし方や生き方って変わるもの。まさに「人は買うものでできている」。名言というより、もはや格言。メモメモ……。

―　しかも、まったく迷わない。

ま　たとえば、友だちと蚤の市とかに行って一緒に歩いたりしても、私は、この店いい！　で、急に立ち止まってパッと何か買ったりする。バイヤー以外の友人たちはそれがすごいって思ったみたい。

―　ち、ちゃんと見てます？

ま　ほんとにちゃんと全部見てるんです。長年培った経験で、ここはあり、ここはなしって即座に判断してる。露店でも蚤の市でも、店主の目をちゃんと通ったものがセレクトされているところには必ずいいものがあると思うし、そういうところで買いたいから。

―　へえ。それだけ買いもの早くて、迷った記憶ホントにないの？

ま　すごく高くて諦めることはあるけど、ローンを組んでまで欲しいものというのは、ないなぁ。迷うというより「今の自分には不釣り合い」と思って、潔く諦める。

―　撤退。

ま　この前、すごくすてきなアンティークの時計を見つけて。自分にほうびはよくするけれど、さすがにこれはほうびのやりすぎでしょ、っていう値段。ものすごくいろいろ我慢すれば買えたのかもしれないけど、まぁちょっと考えようと。で、家に帰って娘にそのことを伝えたら、「でもママ、時計しないよね？」と。

―　またまた冷静なひと言が。

ま　本当に冷静なんですよ。心の中で「私のストッパー」って呼んでます。そのストッパーに止められてもなお、私にとって珍しく心にずっと残るような時計。どうすてきかというと「それをしている自分が、きっとすてきに見えるんじゃないか？」って勘違いするくらいの。それでもう一度、見に行ったんですが、「やっぱりしないよね」って……。

―　思いとどまることもあるのね。

通販だってします。ついポチリするものは……。

「ピンポーン」。届いた！　箱を開けたときにまずうれしいのは、このラッピングが現れるところ。薄紙で大切に包まれ、さらにはオーガンジーのリボン。なんてかわいいの。

締め切りに追われる毎日。本を読んだり、ケーキ食べに行ったりするヒマがあるなら、さっさとパソコンに向かえばいいのに、なぜかそれができない。

とうとう今日書かねば、もう間に合わない！　という日でも、やれ、窓の汚れが気になると言っては、ふだんしない窓拭きをしたり、急に手紙を書き始めたり。

そういえば、私は夏休みの宿題も、こんなふうにずるずると後まわしにするダメな子どもでした。

やっとの思いで、意を決してパソコンに向かい、いざ！　と開いたのはなぜか、the lingerie and her film という下着の通販サイト。

わー、これかわいい、これ欲しい。

服を選ぶのとはまた違って、下着ってほぼ誰にも見られないから、ふだん着ない色合いにもチャレンジできちゃう。買いものの夢もふだんの倍広がります。

このサイトの素晴らしいところは、かわいかったり、美しいものを身につけたいという、女心をちゃーんと理解した人がセレクトしているところ。

それは「人からどう見られるか」というより「どう着たいか」。着る側の立場に立った下着選びは、筋が通っていて気持ちいいのです。

さて、サイトを眺めて目の保養をした私は、ようやく原稿を書き始めます。でも時おり覗きにいっては、この原稿が終わったら、これ買おう。そのためにがんばるんだ。自分を励まし、気持ちを奮い立たせるのです。

こんなふうに、私がパソコンに向かって目をハートにしていると、時々娘が「何してるの？」と不思議そうに覗きにくる。すると娘も一緒になって、わー、これかわいい、あれ欲しいとなり、買ってあげようかとふたりで大盛り上がり。ハタと気づけば、ふたり分の買いものをしてしまったなんてこともあって、なんだかなぁと思うこともしばしばですが、すごくうれしそうにしている姿を見ると、よかったな、と思う。下着って女の人ならではのたのしみなのかも。

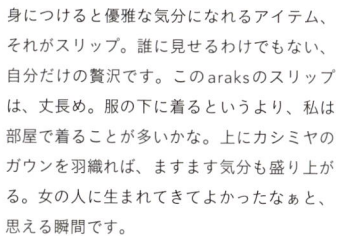

身につけると優雅な気分になれるアイテム、それがスリップ。誰に見せるわけでもない、自分だけの贅沢です。このaraksのスリップは、丈長め。服の下に着るというより、私は部屋で着ることが多いかな。上にカシミヤのガウンを羽織れば、ますます気分も盛り上がる。女の人に生まれてきてよかったなぁと、思える瞬間です。

一瞬、水着にも見えるブラジャーとパンツのセットはThe Great Erosというブランドのもの。ブラジャーはワイヤもパッドもなし。パンツはおなかが隠れるノンストレスな形。あまりの着心地のよさに、もう1セット買おうかなと思ったほど。また、顔がぼやける（私の場合）ので服ではなかなか手を出しづらいピンクですが、下着なら！　と挑戦できるのもうれしいところ。

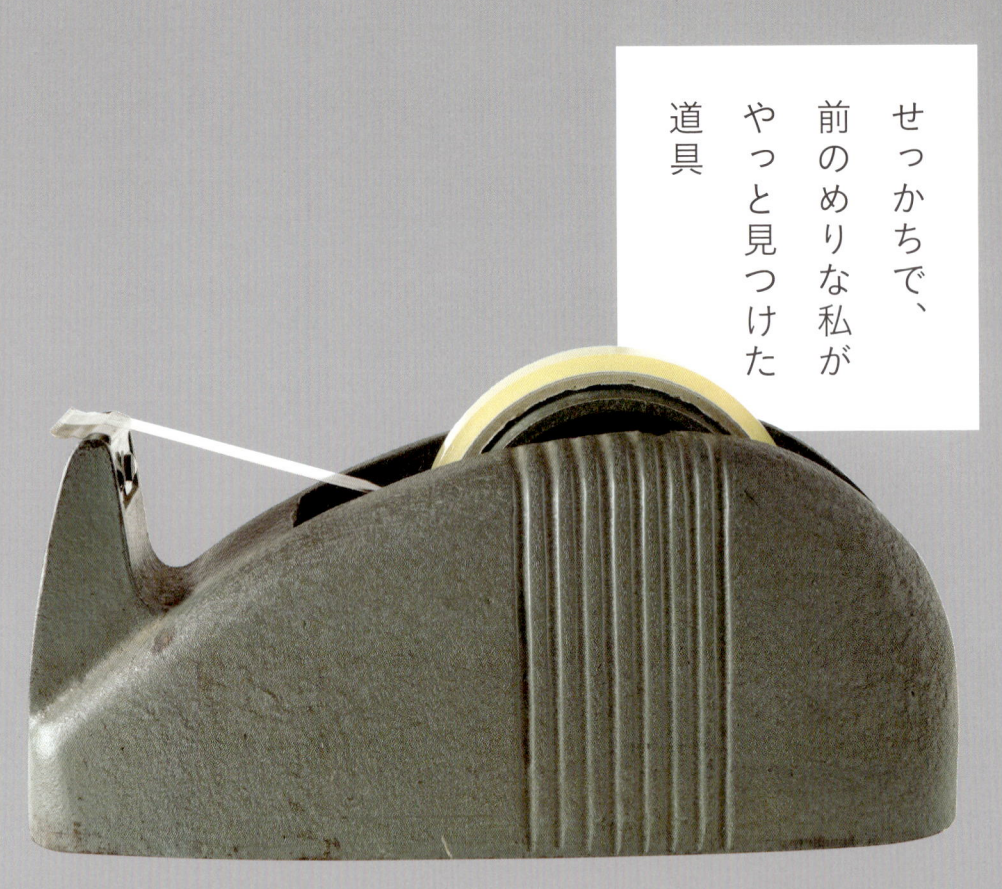

せっかちで、前のめりな私がやっと見つけた道具

テープカッターはスコッチのもので、年代は不明。横面に貼られたシールには、"なんとかかんとかDE FRANCE"と書いてあるのでフランス製？　ちょっとくじらみたいな横顔も気に入りです。

片手で作業してもぐらつかないテープカッターが欲しいと思いつつ、なかなかいいものに巡り合えない。デザインはいいけれど、台が軽すぎる。台はどっしりしているけれど、デザインがちょっと。帯に短し、襷に長しとはまさにこのことです。

私にぴたりとくる、テープカッターはないものか？　そう思って20年近い年月が過ぎ去ったのですが、ついに友人の骨董屋で「これだっ！」と思えるものに巡り合えました。長い間、がまんしたかいがあったというものです。やれやれホッとひと安心。

こういうときの私の頑固さはいったいなんなのか。友だちからすると、好きなものが見つかるまで、とりあえずのものを買えばいいじゃない？　と思うらしいのですが、どうしてもそれがイヤなのです。ある便利さより、ない不便さの方の気持ちが勝つとでもいいましょうか。

それに、その場しのぎで買ったものって、きっと愛着が湧かないはず。

わが家の時計を見た人から「この家にあった方が時計もよろこぶ」といただいたのが、こちらの同じデザイナーの置き時計。棚からぼた餅、と小躍り。好き、という気持ちをアピールしておくと、時々こんなふうにいいことが起こるものです。

時計はデンマークの鉄道の駅に採用されたという、アルネ・ヤコブセンデザインのステーションクロック。これ以上足しも引きもいらないすばらしいデザイン。

そんな理由からか、実はわが家にはずっと時計がありませんでした。目に入るところに変なデザインの時計をかけるのはイヤ。時間は携帯電話で確認できるから、それでいいじゃないのってね。

しかしテープカッターのように、運命はある日、突然やってくるもの。わぁ、これいいなぁ。シンプルだし、数字も読みやすい。そのときの感覚をどういえばいいのかな。「好感が持てた」、そんな感じだったのです。

ものを買うとき、この「なんか好きだな」と思う気持ちを、私はとても大切にしています。いくら高くて、いいと言われている「良品」でも、ピンとこなかったらそれは買わない。ちょっとの違和感は、やがて大きな違和感になるはず。そう思うのです。

これを人は「こだわり」というのかもしれないけれど、自分の部屋に置くものですもの、それくらい気合入れても、いいんじゃないかなって思うんですよ。

持ちづらくっても何のその、のバッグ

ヘルシンキを旅したときに、ふと立ち寄ったマリメッコのセールで手に入れたバッグ。パソコンも入る便利な大きさですが、いかんせん重い。なので中に入れるのは、ミニバッグを持つときと同じ最小限の荷物。ちょっとためらう重さでも、買うに至ったのはセールに出ていたからかも。えぇい、買ってしまえと太っ腹になるセールの魔力。誰にでも、そんな経験あるはずです。

スタイリストという仕事柄、いつも荷物とともに大移動。大きなバッグをいくつも背負って、エレベーターを占領しつつ車に荷物を積み込む私は、かなり怪しい。同じマンションに住む人たちは、きっとこの人いったい、何者なんだろうと思っているに違いありません。

その反動からか、ふだん仕事以外で出かけるときは小さなバッグが基本。お財布、携帯、ハンカチにリップ、荷物は以上。これさえあれば、どうにかなるものです。そのせいか、最小限の荷物が入るショルダーバッグやミニバッグが大充実している私のクロゼットですが、実は小さいバッグと同じくらい好きなのが、「便利な用途」を持たないバッグ。

つい先日、20～30代の女子たちとバッグについて話す機会があったのですが、みんなが欲しいバッグの条件は、荷物がたくさん入り、中身が見渡せて、仕切りもあって、ものが取り出しやすいもの、とワガママ放題。バッグの身になると大変だなぁと思うばかりです。

持っていると褒められるバッグ、ダントツがこのLA発、カルトガイアのバッグ。持ち手は巨大な数珠状に加工された木、本体は竹？　肩にかけるとゴロゴロゴロ〜っと、落ちてしまうので、手首にぐるりと巻きつけて。黒とか、ネイビーとか、とかく地味になりがちな毎日のコーディネートにぴりりとスパイス。そんな役割を担ってくれています。中が見えるので、派手なハンカチなどを入れて。

さて、その「用途はあまり」の私のバッグですが、何に一番重きを置いているかというと、ズバリ見かけです。

買うときはほぼ１００％ひと目惚れ。気持ちは「欲しい」の一点張りで、使いやすさなどは一切考えない。このとき、私のバッグに対する気持ちはかなり前のめっています。

たとえば紙袋の下半分を切ったようなシルバーの持ち手つきバッグ（これは口がかなり開くのでハンカチなどで覆う必要あり）。たとえば、ヴィンテージのプラスチック製箱型バッグ（持つとカチャカチャと音がしてうるさい）。

どれも、あれもこれもの用途は満たさないけれど、私にとっては愛すべき存在。おしゃれって、これくらい自由でもいいんじゃないかと思っています。

ここで紹介するのは、ずしりと重い縄のようなもので編まれたバッグと、木製の丸形バッグ。持ちやすいかというと、その答えはＮＯ。でもね、持っていると必ず褒められる自慢のバッグなのです。

リピートします！

毎日欠かせないモノたち

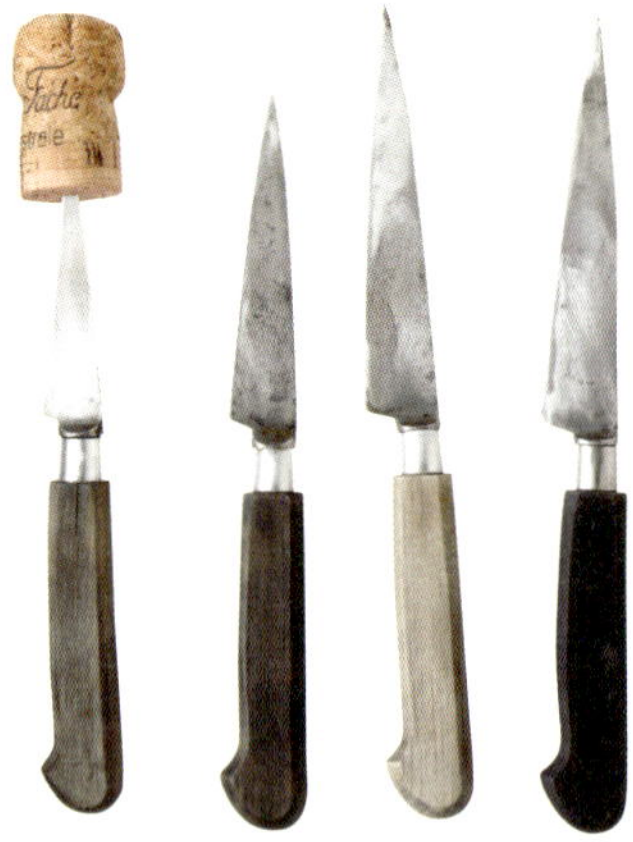

ペティナイフは、パリの調理道具専門店で。買うときに、先っぽにワインのコルクを刺してくれるあたり、さすがフランス！　となります。左は研ぎすぎて小さくなったもの。最後の最後まで使います。

木べらはフランスのマトファー、菜箸は京都の市原平兵衛商店で。どちらも使い勝手同様、そのすっくとした見た目も好き。

横浜中華街の照宝のミニ蒸籠。野菜やおかずをちょこっと蒸したり、冷凍ごはんを温めたり。なくてはならないわが家の定番。15㎝を2段重ねで。

なくなったら、同じものを買う。そんなものが誰にでもあるはずです。ティッシュはここのこれ、シャンプーはあそこのあれ、というように。

ここでは、家の中をぐるりと見回して、そういえばこれ、よくリピートしているな、というものをご紹介。

右ページは台所道具。ペティナイフは研ぎすぎて摩耗してしまうため、ぎりぎりまで使いたおしてから新しく買い替えます。

蒸籠（せいろ）は使いすぎて竹がぼろぼろになったら、菜箸と木べらは、匂いが気になったらが、替え時の買い時。食べるものを扱う道具には敏感でいたいものだなぁとつねづね思っています。

左ページは、キャンドルや紙ナプキンなどの消耗品にはじまり、白いスニーカー、香水、バニティケースにIKEAのバッグ？　一見、脈略ないように見えますが、リピートするにはわけがある。これでないといけないという理由があるのです（いちいち）。

こちらもIKEAで買う定番。ゆらめく炎を見ていると、気持ちが安らぎます。右の小さいのは、ティーポットを温める用。

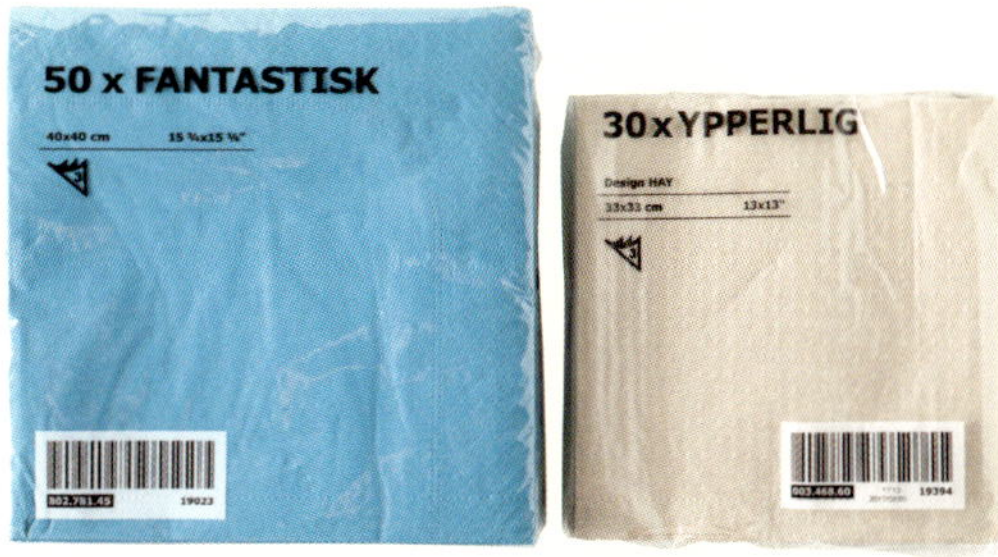

時々行くIKEAでまず買うものはこの紙ナプキン。容量たっぷり、お値段も手頃。行くときは料理家の友人たちのぶんまで大量購入します。

色っぽすぎない清楚な香りのランコムのトレゾァインラブ。つけていると「いい匂い〜」となかなかの評判。スカートの裾にシュッとして。

無印良品のバニティはこれで3つ目。そんなに消耗するものではないけれど、肌につけるものはいつも清潔でいたいから。1週間くらいの旅にちょうどよいサイズ。

スタイリストの必需品、IKEAの買いものバッグ。これを持っていると、便利そうでいいですねと羨ましがられるので、ではおひとつどうぞとプレゼント。いつも5個くらいストックしてます。

コム デ ギャルソンの真っ白スニーカーは、カジュアルになりすぎず、でも歩きやすくて、本当にお世話になっています。白をキープするため、今のこれが3代目。

伝言ゲーム

あの人から聞いたコレ、あの人に教えたアレ

上がパカッと開くリモワのパイロットモデルは、ものの出し入れがスマートにできる。ああ、あれ中に入れっぱなしだった、などと慌ててホテルのフロントなどで全開にする必要もありません。という話をすると、いいね、買う！　となるようで、今まで5人ほどが買いに走った模様。パイロット仲間は増えつつあります。

「不揃いだったハンガーを、すべてお揃いにしてみたら、これが気持ちよくって」と友だちに話したところ、わー、いいね、私も揃える！　と前のめり。どこで買ったの？　と聞かれたので店を教えたら、なんとその方、その日じゅうに買いに行き、その日じゅうにクロゼットのハンガーを総取り替えしたのだとか。

前からフットワークが軽いなとは思っていたけれど、さすが、のひと言です。

さて、そんなこと言っていた私ですが、別の友だちの家で、BOSEのスピーカーを見たところ「小さいし、音もいいし、これなら旅にも持っていける！」と、今度は自分が前のめり。もちろんその日に買いに行きましたとも。

実際使っている人から直に聞く「これ、いいよ」の話は、説得力があるものなのです。

おすすめを聞いたり、教えたり。時々、伝言ゲームみたいにお買いもの。それはなかなか楽しいんです。

IKEAのハンガーは8ピースでなんと499円！　これなら、総取っ替えもできるというものです。ごちゃっとしがちなクロゼットもこのおかげですっきり。毎日使うものをこうして手頃、かつシンプルなデザインで提供してくれる店の存在って本当にありがたいなと思います。時々、モデルチェンジするようなので一度に揃えたほうがいいかもしれない。

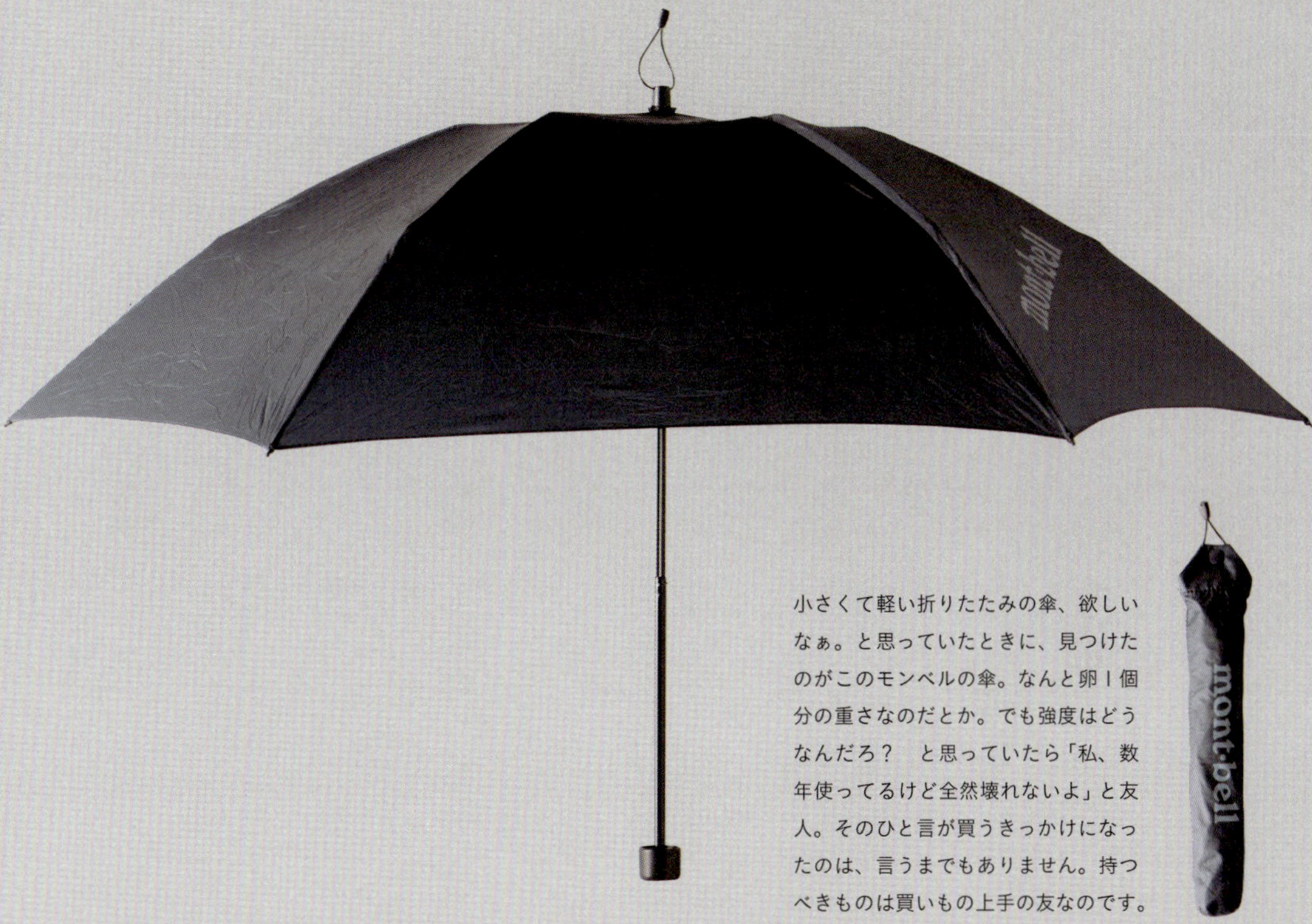

小さくて軽い折りたたみの傘、欲しいなぁ。と思っていたときに、見つけたのがこのモンベルの傘。なんと卵１個分の重さなのだとか。でも強度はどうなんだろ？　と思っていたら「私、数年使ってるけど全然壊れないよ」と友人。そのひと言が買うきっかけになったのは、言うまでもありません。持つべきものは買いもの上手の友なのです。

長さおよそ18㎝。部屋の片隅でもちんまり収まる、コンパクトさ。ワイヤレスなため、家のどこでも音楽を聴くことができて、本当に重宝します。しかしその友人、さらに新たなスピーカーを手に入れたそうで「それもなかなか」なのだとか。見ると欲しくなりそうでとってもキケン。家に遊びに行かないようにしています。

娘へのお土産

娘の誕生日にと、北欧雑貨のバイヤーをしている友人がプレゼントしてくれたのが、左端のふかふかの子。丸い顔、丸い耳。ちょっといたずらそうな目つき。口角をキュッとあげた口元。「なんてかわいいのー」と目をハートにしながら大喜びしたのは言うまでもありません。

クマの名前はミーシャ。1980年、モスクワで行われたオリンピックのマスコットです。当時私は10歳。オリンピックの記憶はまったくないけれど、なぜかミーシャのことはよく覚えてる。だって、その姿も名前も、とびきりかわいいものね。それから40年近くたって、まさか娘も好きになろうとは。血は争えないものです。

その愛らしさから、いまだファンが多いというミーシャ。それを実感したのは、フィンランドのマーケットで、ミーシャだけを売るおじさんに出会ったとき。フィンランドでなぜにミーシャ？　と思ったのですが、よくよく考えたらお隣の国。「コレクターもたくさんいるよ」と

ちょっとクネッと体をよじらせた姿に思わず「かわいー」とふたりで身悶え。裸に五輪マークのベルトもチャームポイントになっています。左から2番目の子の足元、実は送る途中に割ってしまって、友だちに金継ぎをしてもらった跡があります。「ミーシャだから金にしたよ」とかで、なるほど！　おしりをプリッとさせた後ろ姿もキュートです。

そのミーシャ売りのおじさんの言葉に、なるほどねぇと納得したのでした。

その後、マーケットで気にして見ていると、あれ、あそこにもいる。ここにも！という感じでミーシャを発見。いかついおじさんが手のひらサイズのミーシャを物色している姿なども見受けられて、なんだかほのぼの。愛くるしいものは、性別や国境に関係なく、人を惹きつけるものなのですね。

そのときに買ったのが、ぬいぐるみの隣の子とさらにその隣のやや濃い色のミーシャ。もちろん娘は大喜び。「これから北欧に行くときはお土産にミーシャをお願い」ですって！

それからひとつ、またひとつと増えて今は全部で6頭。その後、娘のミーシャ好きを知った友人からバッジをプレゼントされたりして、着々とミーシャコレクションが増えている模様。娘の部屋の飾り棚には、気に入りのお菓子の箱コレクションとともにミーシャが鎮座。この眺め、なかなかいいのです。

包み紙が好きすぎて

www.ohmiyayougashiten.co.jp/
近江屋洋菓子店
神田店
東京都千代田区神田淡路町2−4
03-3251-1088
本郷店
東京都文京区本郷4−1−7
03-3815-3006

花束、ピンクのドレス、風船、パラソル、お下げ髪にエッフェル塔？思いつく限りのかわいらしいモチーフを集めたら、この一枚になった、という感じの包み紙。それをさらに、ピンクのリボンで結んでくれるなんて!!　何度も目にしたはずなのに、毎回うれしくなっちゃうこのラッピング。ずっと変わらずいてほしいな、お店も、それからラッピングも。

社長さんが、毎日市場に出向き、選んだ食べ頃のフルーツが瓶にぎゅぎゅっとおさまったフルーツポンチ。季節によって中身は変わりますが、誰の口にもなじむやさしい味わい。最高のプレゼントになります。

街ごとに気に入りの喫茶店やお菓子屋さんがひとつふたつあります。

「おいしい」以外に、好きな理由はいろいろですが、どの店にも共通しているところは、街になじんでいて、ちょっと懐かしさを漂わせているところ。それからお客さんがみんな、ゆったりとくつろいでいる、そんな店。

神田に行くと、必ずと言っていいほど立ち寄るのが近江屋洋菓子店。ケーキとお茶をいただきながら、本を読んだり、時々ぼーっとしたり。若い頃から何度となく訪れていますが、いつ来ても変わることなく迎えてくれる。この移り変わりの激しい時代に、なんともありがたい存在です。

帰りにお土産を包んでもらうのもいつものこと。どうぞと渡したとき、こんな包みが現れたら喜んでくれること間違いなしだもの。そして実は自分用のフルーツポンチにも、いつもラッピングをお願いします。家にこれがあるだけで、ものすごく幸せな気持ちになれるから。

京都駅、舞妓でラストスパート！

京都駅に着くやいなや、私が向かうのは駅構内にある老舗のものをとり揃える舞妓。ここで何がお店に並んでいるかをチェックします。ええ、もちろん京都の街でもおいしいものをいろいろ買い込みます。けれどもその間、私の頭の中にあるのは、舞妓の品揃えチェック表。これは舞妓にあるから今買わないでもいい、これはなかったから買っておこう。京都旅の間、何度、舞妓のことが頭をよぎることか。

そしていざ最終日、新幹線の出発時間30分前には駅に到着し、いざ買いものラストスパート！　味噌に麩、お茶にお菓子を……。わー、このお店のこれもあるんだ。いつもの定番にくわえて、新しい発見もあったりして、毎回なんて気の利いたセレクトなんだろうと思うのです。

ずしりと重い「舞妓バッグ」を抱えて新幹線に乗り込む頃には旅も最終盤。ちょっと名残惜しいけど、家で包みを開く楽しさもある。私の京都旅には、絶対に欠かせない店、舞妓。名前もいいね。

甘さ控えめ、カリッと香ばしい尾張屋の蕎麦板。蕎麦の香りもいいんです。

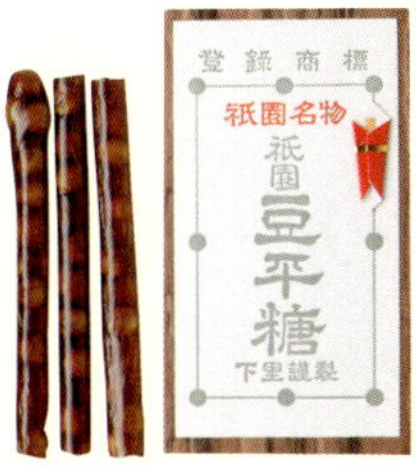

丹波産の大豆と秘伝の蜜（！）が棒状になったするがや祇園の豆平糖。

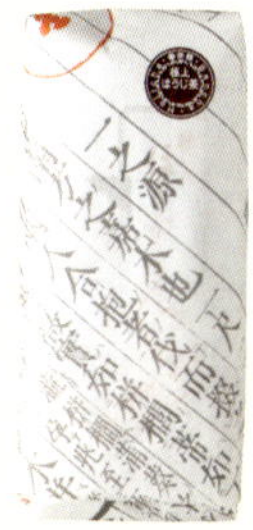

自分へのお土産に買うことの多い、一保堂のほうじ茶はたっぷり200gを。

ハフッとした独特の食感がいい亀屋良永の御池煎餅。缶のデザインもすてき。

三条寺町のすき焼きの名店、三嶋亭の牛肉しぐれ煮。炊き立てごはんの上に。

本田味噌本店の紅こうじ味そ。紅麹とこっくりした味噌の味わいが最高です。

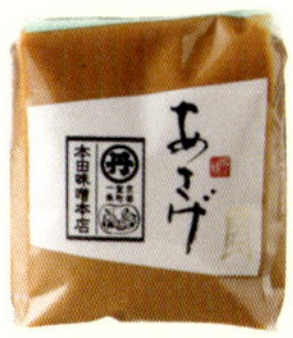

必ず買うのが本田味噌本店の味噌。入り口に向かって左の冷蔵コーナーにあります。

知らない味、知らない店に出会えるのもいいところ。澤井醤油本店の京ぽんず。

千丸屋の乾燥湯葉はストックしてお味噌汁の具に。このずらりと並んだ姿も好き。

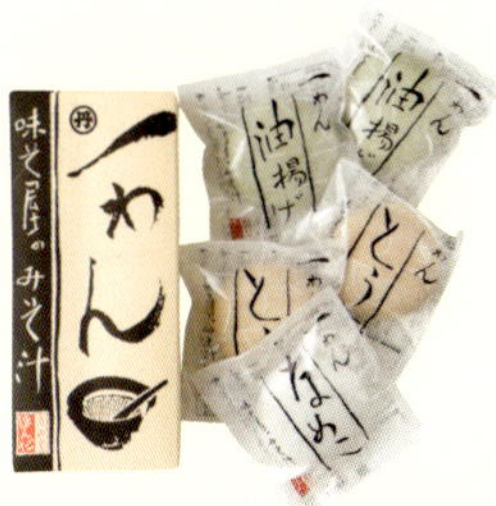

お椀の上でパリッと割り、お湯を注ぐだけで極上のお味噌汁が！　これも本田味噌本店。

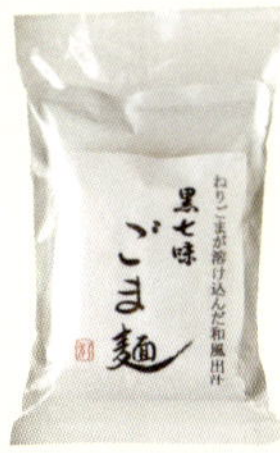

ゴマ風味を存分に味わえる、原了郭の黒七味ごま麺。ゴマ好きには堪えられない一品。

家にストックがないと困る、原了郭の黒七味。うどんに、焼きとりにとなにかと重宝。

ある日の買いものがこちら。どうです、このかゆいところに手が届くセレクト！！！　そしてうれしいことに、舞妓バッグ以外に、必要であれば各お店の袋も入れてくれる。お土産にするときなど、とても助かります。帰りの新幹線の中、舞妓バッグを持っている人を見ると「おや、あなたもラストスパートしましたね？」と勝手に親近感。

前から気になっていたすっぽんドリンクをついに！　梅肉エキス入りでさわやか。

昆布、ちりめんじゃこ、きゃら蕗、実山椒を炊き上げた萬亀楼のぶぶづれ。ごはん泥棒です。

仁義ある おつき合い

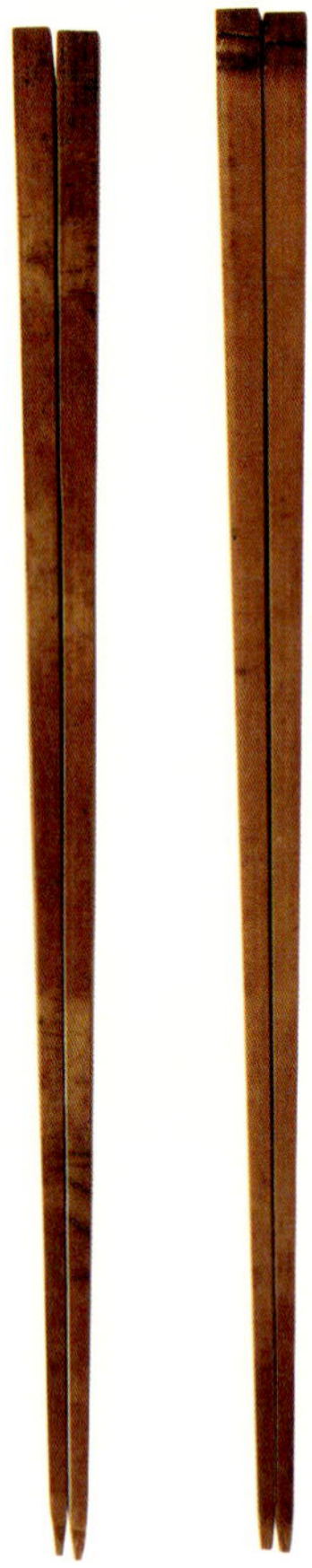

1764年の創業以来「当主は一種類以上の逸品を考案すべし」という家訓（！）に則り、先代が考案したもの。煤竹とは天井裏などの建材として使われていた竹が、囲炉裏やかまどの煙によって長い年月燻されたもの。およそ150年はかかるというから驚きです。

一年に数回、多いときはほぼ毎月通っている京都の街。新幹線に乗ってしまえば2時間ほどだもの、近い近い。

「そんなに通っているのなら、店の開拓もずいぶん進んだでしょう？」と言われますがそれは全然。なぜならずっとおつき合いのある店にしか行かないから。

お菓子屋、絵本屋、バーに喫茶店、うどん屋に、おばんざい屋にホテルも。

いつ訪れても同じ顔して待っていてくれる。京都にはそんなところがたくさんあるのです。だから私の京都旅はなじみの店や場所をひと巡りしたら、それでおしまい。でも充分満足です。

私に連れられて、小さな頃から京都を旅してきた娘もこの街が大好き。成長した娘を見たお店の人に「大きなったなぁ」なんて言われるのもうれしいようです。

なんというか、この街には親しみやすさがある。人と人とのあったかい触れ合いみたいなものが残ってる。京都の人は「いけず」なんて言われているけれど、そんなこと全然ないなと私は思うのです。

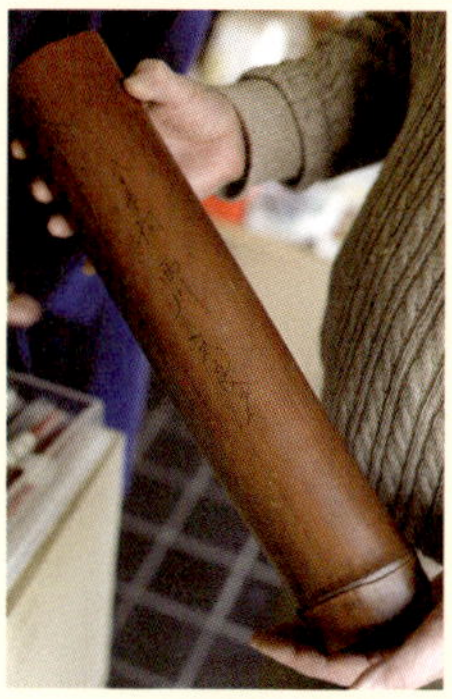

板前さんが使う盛りつけ箸や、お茶事用の取り箸、毎日使う食事用のお箸など、なんと400種類以上のお箸が並ぶ店内。手入れや使い方の注意など、お箸についてわからないことがあったらなんでもたずねて。丁寧にこたえてくださいます。

これが煤竹。古い建物が減り、だんだんと取れる煤竹の量が少なくなってきたそう。

四条通から堺町を下がった東側。細い路地に佇むお箸専門店、市原平兵衛もそんなおつき合いが続く店。初めて来たときから20年以上たちますが、いつも変わらず迎えてくれる。それはとってもありがたいし、うれしいこと。

ここで私が買うのが煤竹を使ったみやこばしというお箸。強くて丈夫。けれど持つとしなやかさも感じられる。なんといっても細く削られた箸先がつかんだものをピタッと逃さない。使い心地のいいことこのうえなし。子どもサイズもあるので、娘が初めて使うお箸として、こちらを選びました。

それから成長するごとに買い足していき、今では大人サイズに。お店に伺うといつも「あの小さかったお嬢さんおいくつに?」と聞いてくださる。娘の成長とともにあるお店、なんてすてきではありませんか?

もう少し時がたったら、孫に選ぶ日がやってくるのかも? 親子3代のおつき合い、どうぞよろしくお願いいたします。

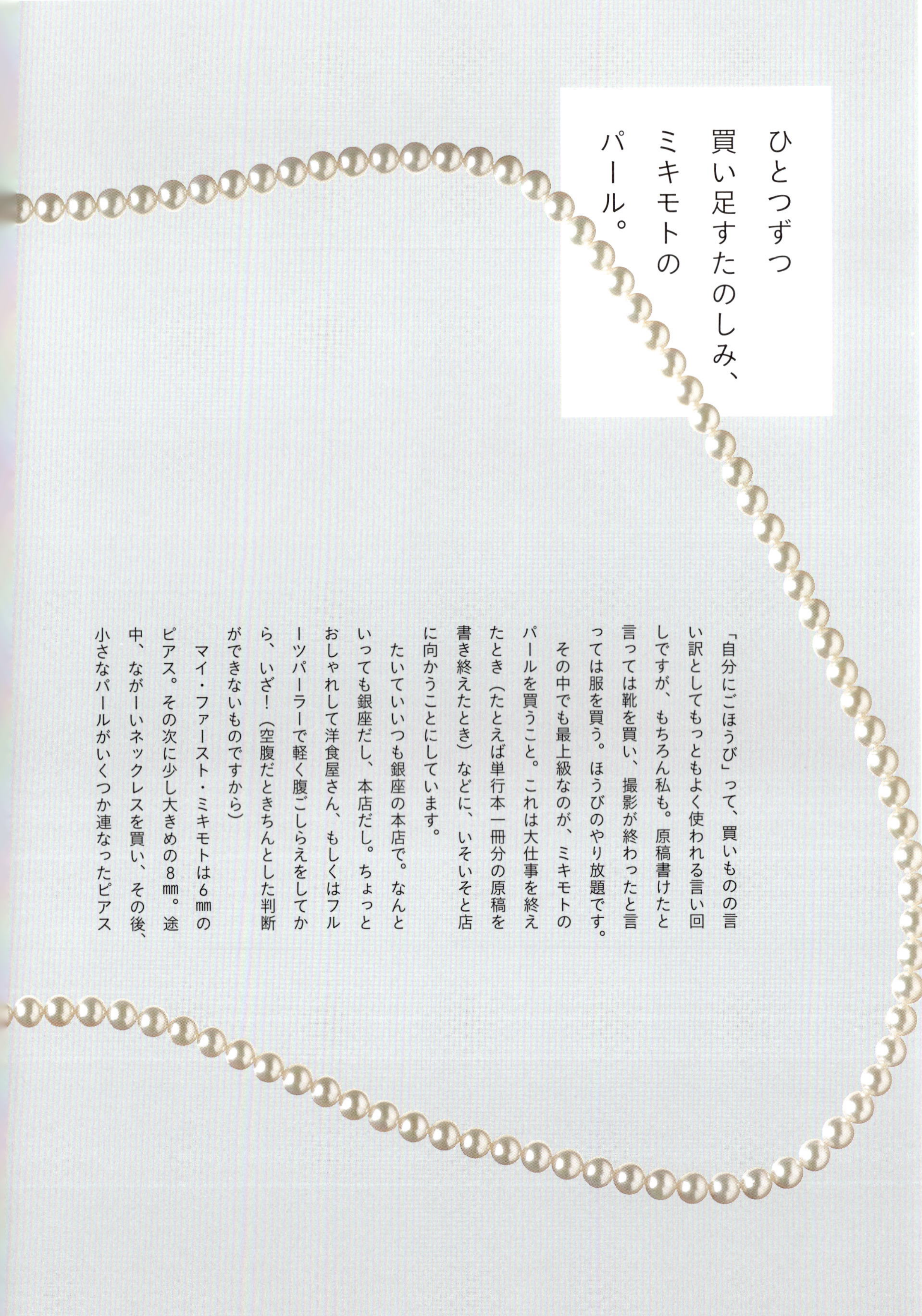

ひとつずつ買い足すたのしみ、ミキモトのパール。

「自分にごほうび」って、買いものの言い訳としてもっともよく使われる言い回しですが、もちろん私も。原稿書けたと言っては靴を買い、撮影が終わったと言っては服を買う。ほうびのやり放題です。

　その中でも最上級なのが、ミキモトのパールを買うこと。これは大仕事を終えたとき（たとえば単行本一冊分の原稿を書き終えたとき）などに、いそいそと店に向かうことにしています。

　たいていいつも銀座の本店で。なんといっても銀座だし、本店だし。ちょっとおしゃれして洋食屋さん、もしくはフルーツパーラーで軽く腹ごしらえをしてから、いざ！（空腹だときちんとした判断ができないものですから）

　マイ・ファースト・ミキモトは6㎜のピアス。その次に少し大きめの8㎜。途中、ながーいネックレスを買い、その後、小さなパールがいくつか連なったピアス

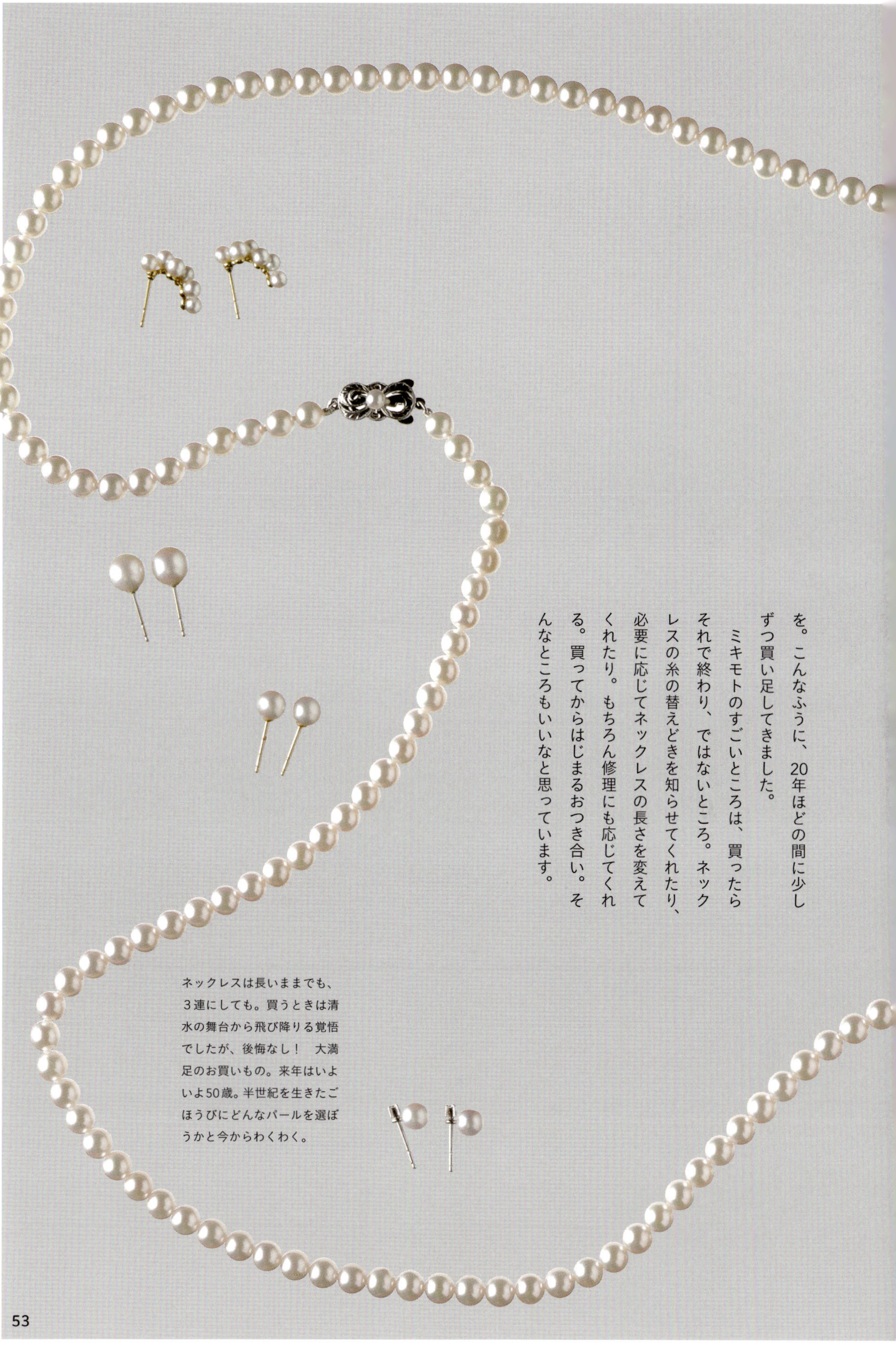

を。こんなふうに、20年ほどの間に少しずつ買い足してきました。

ミキモトのすごいところは、買ったらそれで終わり、ではないところ。ネックレスの糸の替えどきを知らせてくれたり、必要に応じてネックレスの長さを変えてくれたり。もちろん修理にも応じてくれる。買ってからはじまるおつき合い。そんなところもいいなと思っています。

ネックレスは長いままでも、３連にしても。買うときは清水の舞台から飛び降りる覚悟でしたが、後悔なし！　大満足のお買いもの。来年はいよいよ50歳。半世紀を生きたごほうびにどんなパールを選ぼうかと今からわくわく。

自腹切ります。

取り寄せ嫌いの
お取り寄せ

好きな食べものベスト5に入るゴマ。祇園むら田のゴマは今まで食べたどれよりも、香りが高く、一粒一粒の存在感が大きかった。いつもお願いするときは、食べる頻度の高い白ゴマを2瓶、黒ゴマ1瓶の割合で。

松仙堂は信州・小布施にある栗菓子の名店。お店のまわりの完熟栗だけを拾って仕込む純栗ペーストは、こっくり、口あたりはしっとり。10個ほどまとめ買いしてパントリーにストックしています。

ゴマ油を手に塗り、それから塩を手にまぶして握ったおにぎりの上からたっぷりとゴマをつけて。ゴマをたくさん食べたいから小さく握るのがポイント。

カリッと焼いたトーストに、これでもかというくらいバターをのせ、その上にこれまたたっぷりの栗ペーストをのせてガブリ。

取り寄せが苦手です。というと、ハテ？と首をかしげる人がいるかもしれない。そう、なぜだか私、いつもおいしいものを取り寄せているイメージがあるみたいなのです。

なぜ苦手なのかというと、面倒くさがりだから。ああ、あれ食べたいなぁと思っても、住所などの連絡先を書き込んで、さらには届け日を指定して（ついつい忘れがちになる）、それから支払い手続きをして、と一連の作業を考えると、ハー。大きなため息が出ちゃう。食い意地よりも、面倒くささが勝つ、というわけです。

向田邦子さんは、おいしいもののパンフレットを集めた「う」（うまい）の引き出しがあったというし、いいなと思ったものはファイルにまとめて、何かと言っては取り寄せしているという友人も。あっ、あれ食べたい！ と思ったらすぐ買いに走る、本能型の私とはなんていうか、マメさや、ちょっと待つことのできる落ち着き具合が違う感じ。

けれども、これだけは取り寄せしてで

友人の新潟のご実家で作っているコシヒカリ。年に4度くらい届けてもらっています。朝、炊きたてのごはんとお味噌汁があればその日はハッピー。三度の飯より「ごはん」が好き。

ひと口食べると、ふわっ。うわー、なんだこのおいしさは、と目を見張る釜あげしらす。季節によって大きかったり、小さかったり。その個体差ごと愛おしい。ほかに、たたみいわしやじゃこなども。

ごはんの上に、シラスをたっぷり。ゴマ油をかけていただきます。シラスはこれでもかというくらい贅沢に。

も食べたいと思うものがいくつかあって、それがここにある栗ペーストとゴマ、シラス、そしてお米の4つです。

　どれも、家にストックがない（生もののシラス以外は）と思うと、ちょっと心配になるくらいの好物中の好物。

　これらのすべてに共通するのは、素材そのもののおいしさ。栗には栗の、ゴマにはゴマの。シンプルであればあるほど、ごまかしは利かない。作る人の創意工夫、丁寧さ、愛情、それらすべてが合わさった最高傑作と言えましょう。

　さて。先日は待ちに待ったシラスの解禁日。いつかいつかと思っていたけれど、天候の具合でなかなか取れないのよ、と紋四郎丸の奥さん。「取れたら連絡するわね」「はい、お願いしますっ！」と固い約束をし、待つこと1カ月。やっと届いたときは本当にうれしかったなぁ。

　このときばかりは、面倒くさいなんて言ってられない。待つかいあり、の買いものなのです。

いざバイヤー体験。買うは楽し、されど……。

「一緒に北欧に行って雑貨を仕入れて、イベントしない?」。ある店のオーナーから、こんな誘いを受けたのは3年前のある夏の日。このお方、ヨーロッパやアメリカに行っては家具や雑貨を仕入れ、売れたらまた海外へ飛び、を年に何度も繰り返してる。その様子は楽しそうだなぁと思う半面、きっと大変なんだろうなとも思うのですが、なんといっても「バイヤー」というその響き、すっごくかっこいいじゃないの。

ハイハイ行きますとふたつ返事で快諾し、初秋の北欧買いつけ旅が始まりました。旅立つ前、不安だったのが、買いつけたものを自分のものにしたくなったらどうしようってこと。なんせ仕事で行くのだから、私欲は厳禁。しかし北欧のマーケットで欲しいものが見つからないはずがないじゃない? 物欲をどう抑えるかが、この旅のテーマだな、そう思っていたのでした。

さて初日。早起きしてマーケットへ向かうと「さぁ、今日の目標は××ユーロだからね」とそのオーナー。

その金額を聞いたとき、え、そんなに買うんだ! と一瞬ひるみました。そうか遊びに来てるわけじゃないんだものね。「とにかくいいと思ったものは選んで。器なんかのダメージはこっちでチェックするから」。はいっ! 腕まくりしてバイイングスタート。

これまで、ものをたくさん見てきたつもりでしたが、このときほど大量に目にしたことはありませんでした。埃まみれになりながら、選んで梱包して送って、を繰り返し、ホテルに戻るとバタンキューの毎日。ハタと気づけば物欲なんて起こる気配はまるでなし。お客さまのもとへ無事に届け、という気持ちの方が大きくなっている自分がいたのでした。

この北欧のバイヤー体験を皮切りに、別の仕事で富山、大分、長野、フランスと買いつけしてきましたが、いずれも同じ。「仕事で買いものをすると、自分の物欲はゼロに等しくなる」。これは私がバイヤー体験をした結果生まれた格言です。

富山

朝早くやってきたのに、鳥居の向こうはもうすでにワイワイ、ガヤガヤ。まずは超特急でひと回り。よい出会いがありますように。

このときのバイイングは「まず初めの古い器」というお題。いつものテーブルにひとつ古いものが交ざると、こなれた表情になるのです。やってきたのは富山、護國神社の骨董市。朝一番で乗り込みます。

大分

途中、買いものしたり、砂風呂入ったり。珍しく時間に少し余裕のあった買いつけでした。いつもこうだといいなぁ。

1週間の期間限定でかごの店を開くためにやってきたのは、大分。ここでは真竹で編まれたものを中心に集めます。お茶の道具に使うような工芸品もありますが、私が買うのはふだん使いのかご。みんなの台所に合うものを、と頭においてバイイング。

長野

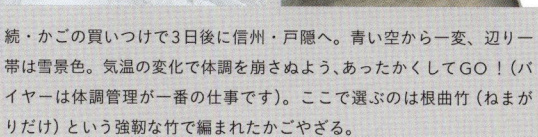

続・かごの買いつけで3日後に信州・戸隠へ。青い空から一変、辺り一帯は雪景色。気温の変化で体調を崩さぬよう、あったかくしてGO！（バイヤーは体調管理が一番の仕事です）。ここで選ぶのは根曲竹（ねまがりだけ）という強靭な竹で編まれたかごやざる。

フィンランド

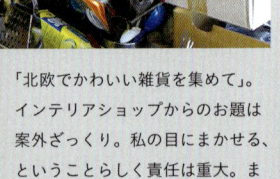

「北欧でかわいい雑貨を集めて」。インテリアショップからのお題は案外ざっくり。私の目にまかせる、ということらしく責任は重大。まずはフィンランドへ。

訪れたのはヘルシンキ郊外のヴィンテージショップ。食器を中心にキッチン雑貨、服、ぬいぐるみなどが。一見「ゴミですか？」みたいなものも。

必死に選ぶ私に「フィーカでも」とお茶のススメ。甘いものとコーヒーが染み渡りました。

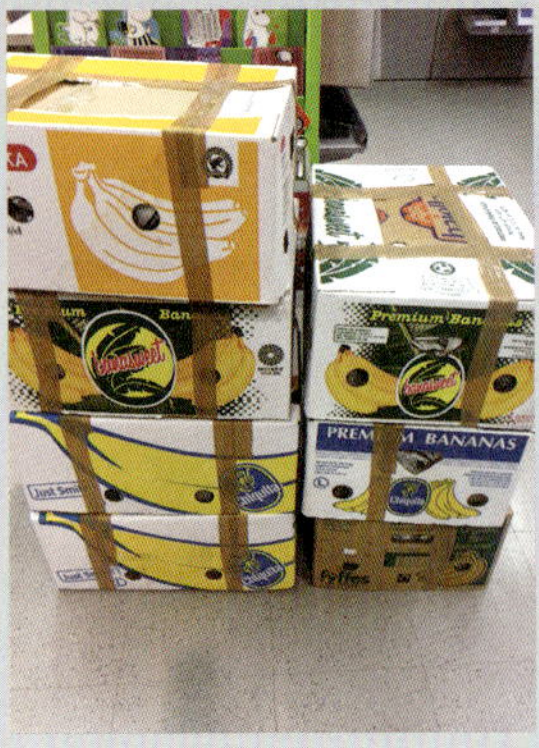

よーく目をこらすとあるある、お宝がたくさん！　でも実はダメージのあるものも多いので要注意。素早くよいものを見つけつつ、繊細な注意も払わないとダメ。バイヤーってほんと大変な職業だとしみじみ。右は梱包完了の箱。割れないようにエアパッキンや新聞紙を駆使して厳重に荷造り。そしてその後郵便局へ。

スウェーデン

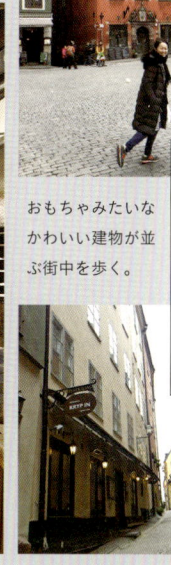

おもちゃみたいなかわいい建物が並ぶ街中を歩く。

フィンランドからスウェーデンに移動。買いつけ4日目くらいになると、より仕事が速くなる。選ぶ時間も、梱包する時間も。このときはかごもいくつか買いつけ。かさばるなぁと思いつつも好きだからつい選んじゃう。

フランス

クライアントからの指令は「パリの朝食の風景を」。ちょうど南仏に市がいくつか立つという初夏を見計らってアヴィニヨンを拠点に数カ所市回り。

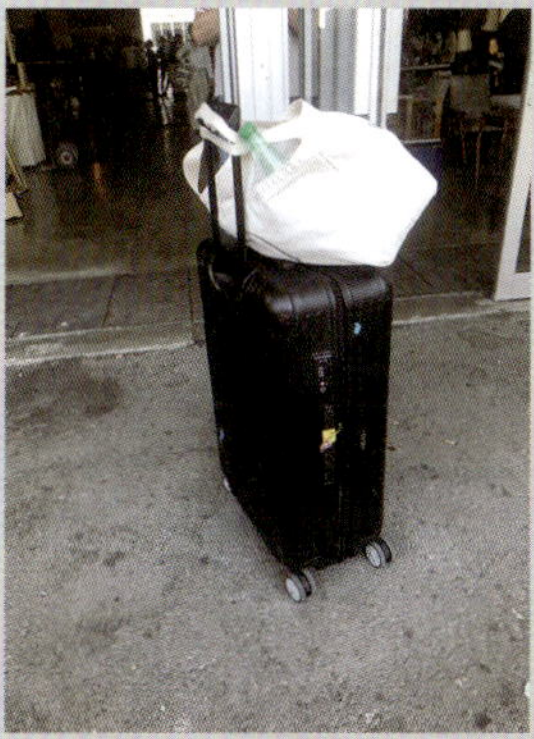

スーツケースの中にはずしりと重い食器が。

ホテルに戻ると検品と値段のチェック、梱包。部屋は買いつけたものでいっぱい。かき分けかき分け移動。「朝食」なのになぜかワインの道具多し？

強い日差しの中、大荷物を持って移動します。

わからないことは プロに聞け！ 私の買いものの 先生たち

ふだんは日焼け止め塗って眉を描いてマスカラ塗っておしまい、という超簡単メイク。どちらかというとスキンケアに重きをおくタイプです。スカルプケア、ボディローション、ヘアオイル。草場さんに聞いたり、彼女の著書『TODAY'S MAKE -UP ―今日のメイクは?―』を見ながら買ったり。私の毎日のスキンケアに欠かせなくなったOSAJI（オサジ）との出会いも草場さんのおかげ。これからもお世話になります。

器も服も好きなものを自由に買うくせに、ことコスメに関してはチンプンカンプン。化粧品売り場に行くとその膨大な商品量に圧倒されるわ、きらきらした販売員のお姉さんたちに物怖じするわ。ドキドキしながら買いものするのに疲れ果て、結局なんにも買えなかった、なんてこともザラです。

かといってネットで調べたりするマメさもない。もうどうしたらいいのさ、とやさぐれかけたときに出会ったのが、ヘアメイクの草場妙子さん。

あれこれと自分の肌の悩みを話すと「でしたら、これがいいと思います」と私に合ったものをすすめてくれるのですが、それがもうなんというか、これこれ！とうれしくなるラインナップ。おかげで健やかなスキンケアライフが過ごせています。ありがとう。

ここで私は声を大にして言いたい。わからないことは素直にプロに聞け！ って。その道のプロたちは間違いのない買いものへと導いてくれるのです。

早起きは三文の「得」？

若い頃から早起きです。

朝の方が頭が冴えるから原稿書きにうってつけとか、仕事に出かける前に一日分の家事をやっつけてしまおうとか（結果的にそうなっている場合もあるけれど）、ましてやウォーキングするためにとか、そういう意識の高い早起きではなく、ただの早起き。朝になると目が覚めてしまうのです。

冬はだいたい6時すぎ。それがだんだん早まって一年で一番日が長いとされる夏至の頃は4時半には目がぱっちり。どうやら睡眠が太陽に左右されやすい体質のようです。

すると眠くなるのももちろん早い。だいたい宴もたけなわの夜の10時頃には、寝ぼけまなこで使いものにならない。友人たちからは、どうやら「まさこ、またきたか」と思われているようです。

それから寝起きがすこぶるよいというのも私の特徴。朝起きられなくて、と気だるい表情の女の人を見ると、ちょっと羨ましい。その方が色っぽいからね。

それでも、早起き体質でよかったなと、思うことだってある。

たとえば蚤の市。朝一番乗りで、いざ！なんてときはいつにも増して目がぱっちり。到着する頃には、エンジン全開でお買いもの。一日のはじまり、まだ体力も判断力もにぶっていないときの買いものは、どうやら失敗することが少ないみたい。

そういえば昔、雑誌で「早起きして朝市へ」という連載をしていたことがありました。「早起き」と「買いもの」。私の体質的特徴と、好きなものを合わせた企画を考えるあたり、さすがの敏腕編集者、目のつけどころが正しいというか、なんというか。そしてやっぱりその朝市での買いものは大充実の大収穫、なのでした。

と考えると、早起きってやっぱりいいなと思う。まだ動き出していない街は清清しくて気持ちがいいし、なにより買いものの失敗だって少ないんだもの。

ここでも私は声を大にして言いたい。早起きは三文の「得」、と。

この人の言うこと、
間違いない。

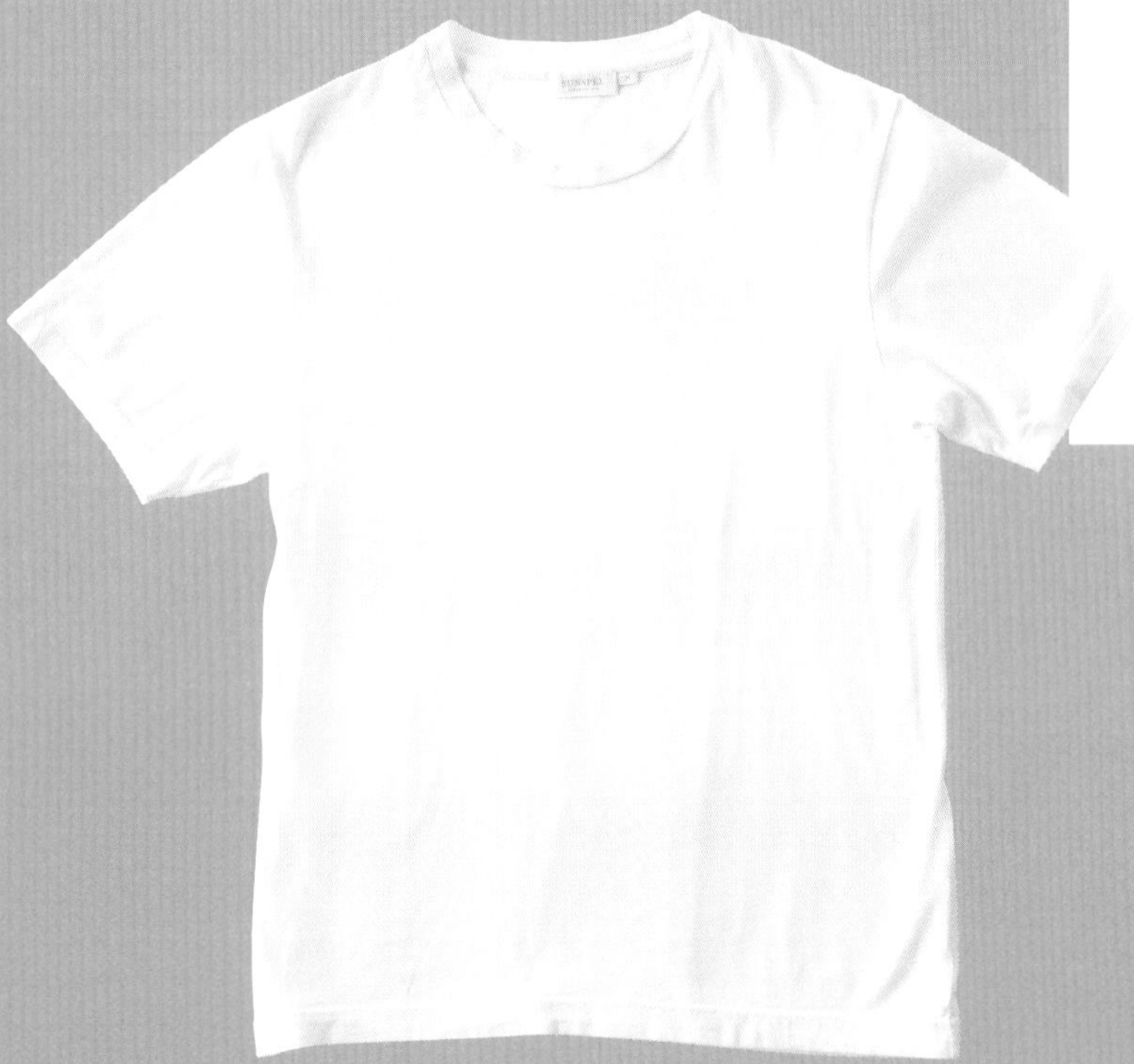

洗っては着て、また洗って、を繰り返し、ちょっとくたっとしたので最近、外出用と部屋着用にそれぞれ1枚ずつ。さらにはいつでもまっさらが着られるようにもう1枚買いに行こうと思っているところ。すっかり虜です。

自分で似合わないなぁと思っている服のひとつに「白T」があります。

襟ぐりの加減なのか、あまりカジュアルに寄った服を着ないから見慣れないのか？ 着ると鏡の前の自分がなんか変。服と自分に一体感がないのです。

白のTシャツにデニムとスニーカー、メイクはリップだけです、とか言って風を切って歩きたいけれど、そんなの絶対に無理。鬼門とさえ思っていた服、それが白Tなのでした。

ある日、スタイリストの山本康一郎さんからプレゼントしていただいたのがこのサンスペルのTシャツ。封を開けたときに、はっ、白Tだと思ったものの、思いきって着てみました。内心ヒヤヒヤしながら鏡を見てみると、おや？ 大丈夫かも。いやむしろちょっと似合っているかもしれない？？？

上質なコットン、首回りのほどよい開き加減。なにもかもが、なんだかほかの白Tと違う。さすがサンスペル、さすが康一郎さん。私の白T元年に乾杯！

黒地に赤や黄色の花がわりとみしっと詰まった個性あふれるプリント。リバティならではの上質なコットンも気持ちよくて、エプロンというよりワンピースを着ている感覚。実は調理中に跳ねても気にならない、という実用も兼ねていて、さすがの一枚。白髪にベリーショートの玲子さんもきっと似合う。大人による大人のための花柄エプロンなのです。

ずうっと好きだった小花柄が、30代に入ると全然似合わなくなった。小花柄のワンピースに小花柄のキャミソール、小花柄の日傘など、私をとりまくすべての小花柄は似合いそうな年下の友人に振り分けられ、ある日を境に姿を消しました。

あんなに好きだったのになぁと思うものの、好きと似合うは違うもの。肌や髪の質感とか体型だって若い頃とは変わったんだもの。すぱっと潔く諦める、そんなアイテムがあるのはしょうがない。「そんなことないわよ、たとえばこれなんかどう?」と言ってすすめてくれたのが、このリバティプリントのエプロン。

推薦者はエプロン商会という屋号で友人とふたりでエプロンを作っている滝本玲子さん。かっこいいこのお方が言うのだったらと試着してみると、おお! ベースの黒が大人っぽいからか、いけるかも。いやむしろ若い頃だったら着こなせなかったかも? 大人が似合う小花柄もあるんだなぁ。まだまだ諦めなくてもいいのだ。

ほら、やっぱり「わからないことはプロに聞け!」でしょ?

街を
買い尽くせ!
ミッション②

台湾、雑貨と食材満腹旅

年に一、二度台北に通うようになって早10年。もはや「旅に出かける」というよりも、あ、きくらげなくなっちゃったから買いに行かないと～! なんて軽やか気分で訪れる街となりました。

台北旅行の日程が決まると、まず頭に浮かぶのは、おいしいあれこれをどの順番で制覇していくかということ。あの豆のスープに酸っぱい白菜の鍋でしょ、それから市場のあれ。そう、台北には思い出すといてもたってもいられなくなる好物が山盛りなのです。

と同時に忘れちゃいけないのが、食事の合間の買い出し。ここで食べたあと、近くの市場に寄ってあれ買って、一度ホテルに戻って荷物置いて。台北の街の地図を思い浮かべながら、いかに効率よく買いものができるか段取ります。

必ず行くのは迪化街という、乾物屋や漢方屋が軒を連ねる問屋街。

道の両脇にずらりと立ち並ぶ店はどれも似たような商品構成なので、迷ってしまうかもしれないけれど、そこは「勘」で乗り切ります。私がいいと思う店の条件は、商品の回転がよさそうなところ。そういう店ってたいてい店内に漂う空気もいいものだから。

迪化街歩き、まずは民生西路側からスタートし、道路の左側をひたすら進みます。「你好我好（ニーハオウォーハオ）」の先まで進んだら再び迪化街の反対側を戻ります。途中、ジュースを飲んだり、冷たいものでひと息つきつつお買いもの。

食材にかご、古い器。小さな街に、こんなに欲しいものが詰まってるなんて、と毎回感嘆せずにはいられない!

途中のジューススタンド（金桔檸檬汁〈ジンジューニンモンヂー〉）に寄って水分補給。暑い日は氷（夏樹甜品〈シャーシュテェンピン〉）もいいね。

19世紀の中頃に建てられたという建築が今でも残る古き良き街並み。近頃はカフェや雑貨屋なども増え、新旧入り交じった、楽しい街になりつつあります。

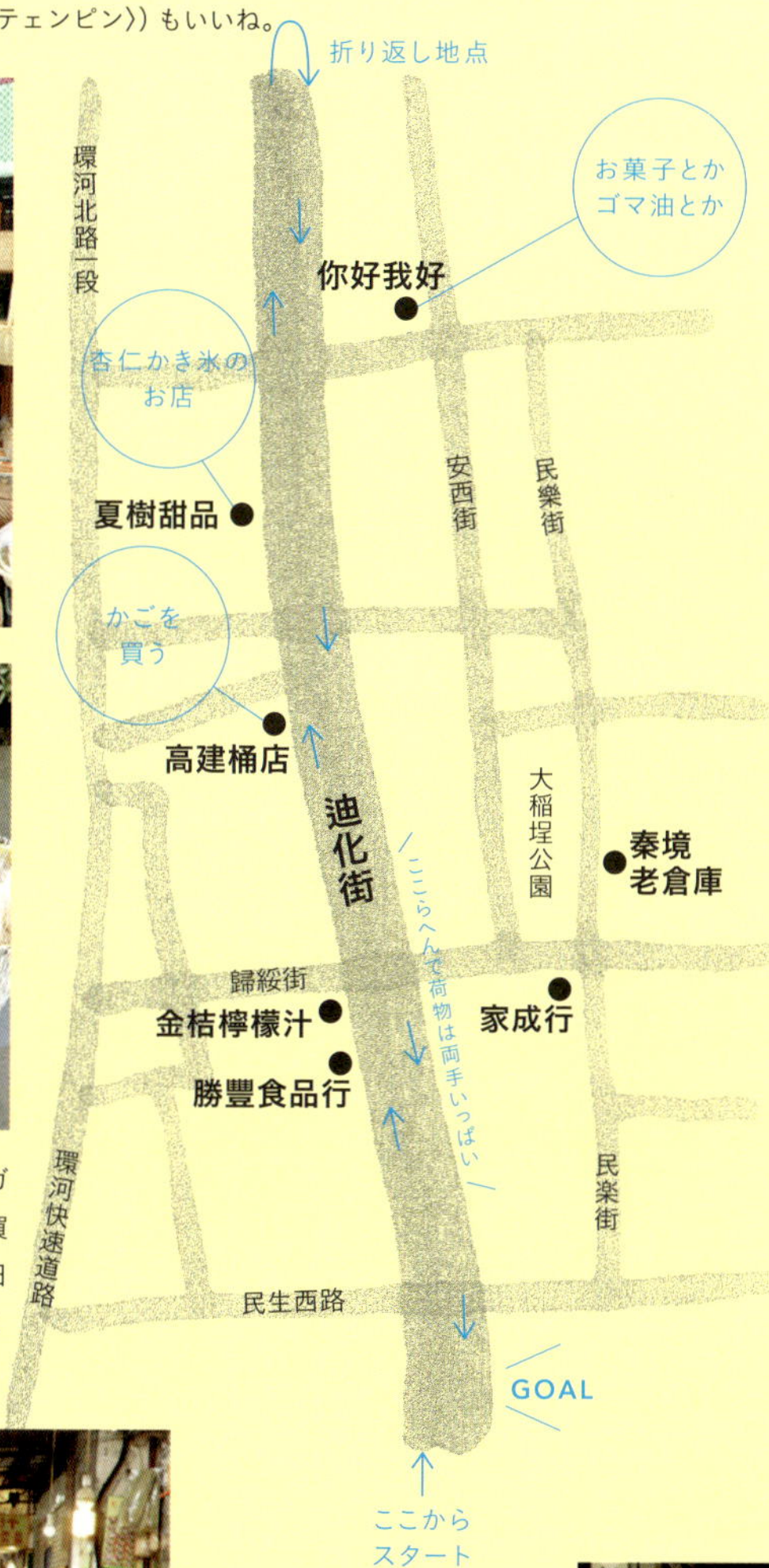

いつも手ぶらで行き、高建桶店（ガオジェントォンデェン）でかごを買い、食材を詰めて帰ります。この日は黄色とグレー、ふたつ買ってほくほく。

途中、見つけた古道具屋。いつの時代に作られたもの？　などと聞くと、「ずいぶん昔」と答えはかなり曖昧だけど、欲しいものならば由来にはこだわらずに買います。花柄のオーバル皿や丸皿のほか、小皿として使えそうな、土鍋の蓋なんていうのもあり。宝探しのような気分。

旧正月前は正月料理の食材を求めて地元の人で大にぎわいになるとか。ここはさながらアメ横？　私がクンクンと匂いをかいでいるのは、きくらげ（P14～15）。ひと口にきくらげといえども、店によっていろいろ。よくよく吟味して。

台北の街で買った食材いろいろ

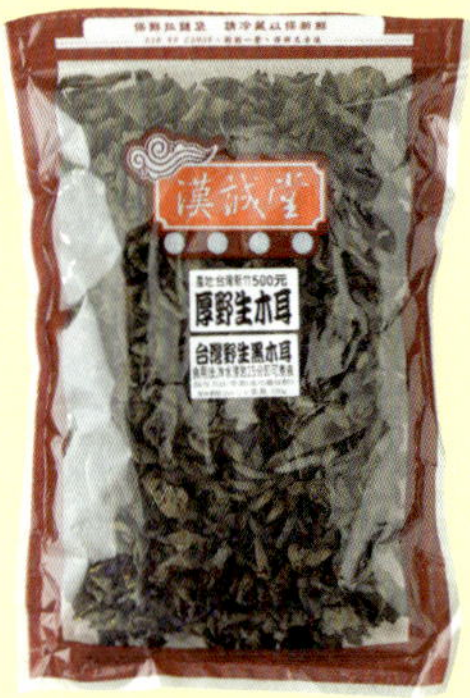

これを買いに台北に行くと言っても過言ではない大好物のきくらげ。もちろん迪化街で。

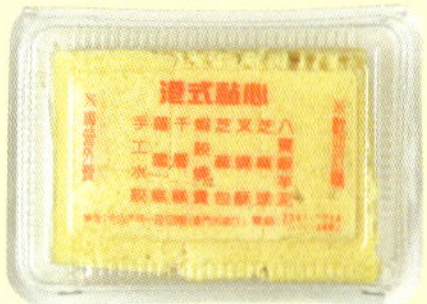

ふわふわマーラーカオは、帰る日の朝買いに走ります。飛行機の中のおやつにも。東門市場の東門興記（ドンメンシンジィ）で。

落雁（らくがん）のような口溶けのお菓子の正体は緑豆。ほろっとしていて繊細な味。中国茶とともに。

カラフルなセロハンに包まれているのは棗（なつめ）の間にカリッと香ばしいくるみが入ったおやつ。

ウーロン茶の茶葉や麦芽糖などを梅に漬けた梅茶。ほんのりした甘みで滋味深い。永康街の沁園（チンユエン）。

バラとりんごのジャムとキウイのジャムは、永康街近くの手天品社區食坊（ショウテェンピンシャーチューシーファン）という店で。

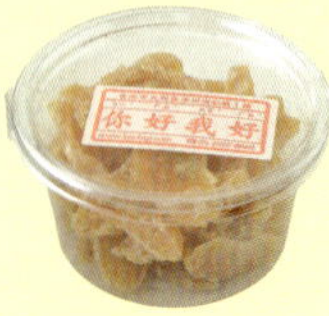

ドライフルーツも右のピーナッツ味のお菓子も你好我好で。気の利いたものが多い迪化街の雑貨屋さん。

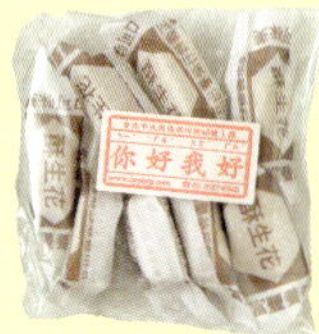

ピーナッツ以上にピーナッツ味のお菓子。コーヒーとの相性は抜群。お土産にも。

高菜に似た梅干菜（メイガンツァイ）という名の漬物。ぎゅーっ、くるくるーっと葉が固く巻かれている。迪化街の家成行（ジャーチャンハン）で。

左は豆豉を軽く漬した黒豆豆豉（ヘイドウドウチイ）。右はピーナッツオイル（花生油〈ホァーシェンヨウ〉）。私の料理に欠かせない。

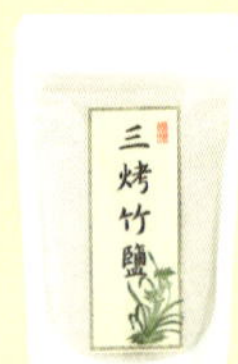

竹に塩を詰め薪で焼いて作るという塩。繊細で、とてもまろやかな味。永康街近くの清淨母語（チンジンムーユー）で。

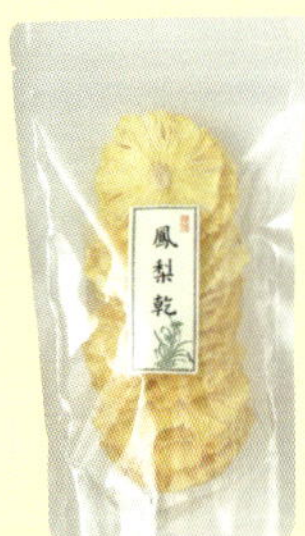

清淨母語のドライパインは、そのまま食べるのはもちろん、お茶に浮かべてもおいしいんだって。

肉味噌に入れたり、ちまきに入れたり。あると何かと重宝する干し大根の塩漬け。清淨母語で。

独特の風味と食感が楽しい紅毛苔（ホンマオタイ）は、ピーナッツ油と竹塩を含んだ海苔。新しい味にも挑戦。

ゴマ油以外にも油をいろいろ買いこみます。スーツケースの中で割れると大惨事なので梱包は厳重に！

子どもに良質な油をと、若いお母さんが作るゴマ油。豆腐にかけたり、和えものに入れたり。

迪化街ではすてきな色合いに惹かれてバラのお茶も買いました。シロップに入れてもいいな。

ぎっしり詰まった枸杞（クコ）の実。お料理にも使いますがおなかが空いたらそのままパクリ。迪化街で。

台湾では麺もたくさん買います。これは全粒粉入りの乾麺。また買いたいものリストに。

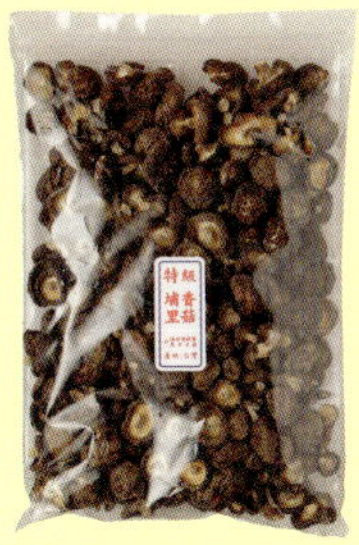

台湾産の干ししいたけ。小ぶりでかわいいので、煮物などにちょこんと入れても。これは南門市場で購入。

冷蔵庫に常備しておきたい搾菜も買います。液漏れが心配なのでジップロック持参で。

円盤みたいな黒いもの、これ何？？？　と思ったらなんと海苔。直径30cmのかさばる買いもの。

金木犀を麦芽糖で煮詰めた桂花醬（グェイホァージャン）。アイスティーの風味づけに使ったり白玉にかけたり。

枸杞の実など、体によさげなものが練りこまれた饅頭。ふわふわのものは帰る日の朝に買う、が鉄則。

もちろん豆板醬も。見たことのない瓶はまず買って味見する。どれもそれぞれ味が違うんです。

いつも買う迪化街の麺屋さん勝豐食品行（シャンファンシーピンハン）で。細さが好みの關廟麵（グァンミャオミェン）を。ほかにも刀削麺風な乾麺も。

干しエビは、味見できるところが多いので、きちんと味を確かめてから買いましょうね。

細かい干し大根はすぐに戻せてとても重宝。たくさん入っているので友人にお裾分けできます。

古道具屋で手に入れた器はじゃぶじゃぶ洗ってこざっぱりさせます。何を盛ろうかななんて使い方を考えるときが楽しい。

お茶と茶道具は小慢（シャオマン）で。お茶をおいしくいれるのはもちろん、美しいものが揃っている魅力的な店。

パイナップルケーキは手天品社區食坊で。右の渦巻き模様はシナモン風味のクッキー。どちらも大好物。

たとえ2泊しかできなかったとしてもスーツケースはいつもふたつ。といっても、持っていく荷物は少ない方だから、ひとつはわりとガラガラ、ひとつはエアパッキンとテープを詰めて出発します。

滞在中、買ったものは部屋の空いた場所に。その様子はまるで何かの業者さんのようですが（きっとホテルの人はそう思ってるにちがいない）しょうがない。

ボウルの中にはクッキーを詰めて割れないように。荷物の隙間には乾物をはさんでクッション代わりに。もう今まで何度もこんな旅を繰り返してきたから、パッキングはお手のもの。たいてい15分くらいでまとめます。これを人は「スタイリストマジック」と呼びます。

今回の戦利品がこちら。ぎっしり、みっちり詰めて帰ります。右のかごはふたつ重ねた中に割れものを入れて機内持ち込みに。そういえば台湾に限らず旅先ではいつもかごを買い、その中に割れものを入れて持ち帰っている。

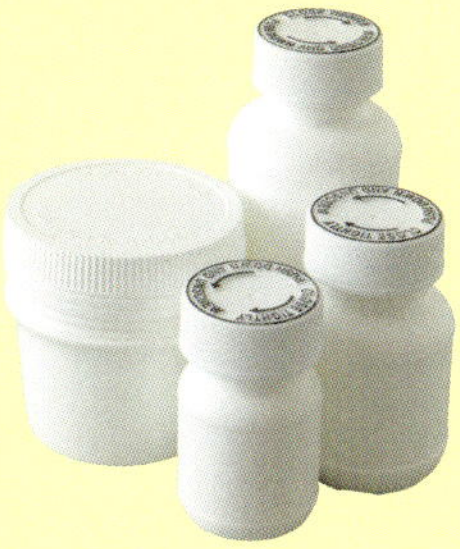

薬瓶などを扱う店で見つけたプラスチックの白い容器。何を入れようかなと思案中。

底が平たい珍しい形のボウルは街中の荒物屋で。もうひとセット買ったので、料理家の友人へお土産に。

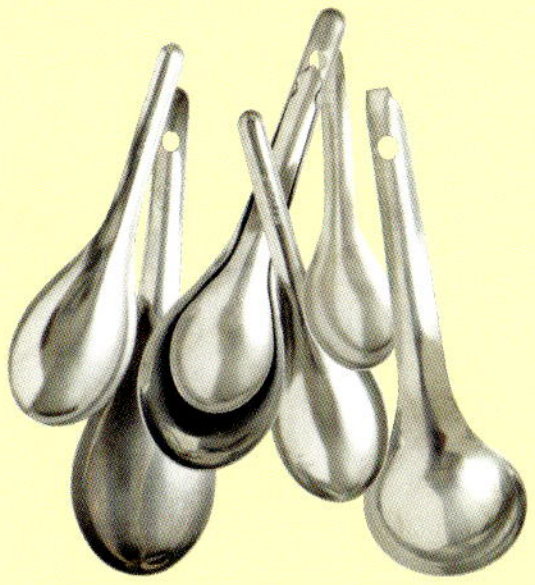

料理道具として使っているステンレスのレンゲ。大小さまざま。味見に使ったり、ソースを混ぜたり。

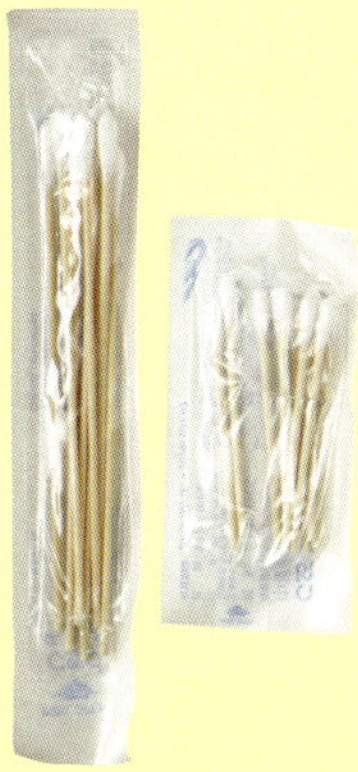

ドラッグストアで必ず買う持ち手が木製の綿棒。小さなガラスの器に入れるとバスルームがかわいくなります。

口の狭い瓶の中を洗うのにいいかな？と思って買ったブラシ。結果は大正解。こちらはブラシ専門店にて。

こちらも薬関係のものを売るお店で。陶器製の片口はとても小さいので、ピアスなどのアクセサリー入れに。

ちまき用に買う竹の皮の束。驚くほどの量が入っていて、日本よりだんぜんお買い得。

初めて買ったレコードは？

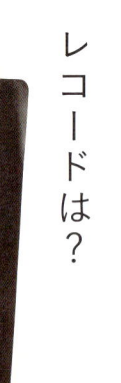

どの年代の人に問いかけても盛り上がる、初めて買ったレコード話（時に笑いが含まれる）。私が「春咲小紅」と言うと「なんだぁ、おしゃれじゃん！」とつっこみが入ります。あっこちゃんはみんなにとっておしゃれな存在なんだなぁ。レコードプレーヤーは娘に買ってあげたもの。何周も回って、今の若い子たちはレコードを聴くらしい。ちなみに娘の初めてのレコードはイギリス旅の思い出にと買ったビートルズの「イエスタデイ」（渋い）。

初めて買ったレコードは何？　と聞いたところ「百恵ちゃんの、『禁じられた遊び』！　♪恐くない　あ、あんあん、恐くない♪」と鼻歌交じりに答えてくれたのは5つばかり年上の友人。「私、松田聖子の『ピンクのモーツァルト』」。こちらは7つ年下の友人。時代が出るものです。

私の知人の50代の男性は「公式はサイモン&ガーファンクルの『サウンド・オブ・サイレンス』、でもホントは『ドロンえん魔くん』ですってー。

さて私は何かと言うと、矢野あっこちゃんの「春咲小紅」です。当時、化粧品のCMソングとしてお茶の間に流れていた歌声を初めて聴いたとき、何この天女みたいな声！　とびっくり。そのとき、私は小学5年生。それまでレコードは姉たちのものを聴いていましたが、ぜひとも自分のものにしたくて、お小遣いをにぎりしめ買いに行ったのでした。

その年から毎年、梅の時期が近づくと、「ほ～ら春咲小紅～」と心の中でリフレイン。私の春先の風物詩になっています。

見た目が大事で何が悪い！

先日、82歳になる母とスペイン料理を食べに行ったときのこと。20代とおぼしきサービスの男の子を見た母が「あの子、きれいな顔してるわねぇ。ママ好きだわー」とうれしそうに言うではありませんか。そのときのメンバーは私と姉、うちの娘と姉の娘（ともに20歳）の5人でしたが、みんな一様にウンウンうなずき合い「見た目ってすごい大切だよね（自分のことを棚に上げながら）」という話でひとしきり大盛り上がり。

先日お会いした、知人の女性が着ていたのは、ラメがぜいたくに織り込まれたニット。しかもピタピタの。私にはそれを着る自信はないけれど、とにかくよく似合っていてかっこいい。

いいですねぇ、と言うと「うん。もちろん自分でも気に入ってるんだけどね、とにかく着心地が悪いのよ。クリーニングにもそうそう出せないし」とその方。「でも、着心地のいい服、優先じゃないときがあったっていいと思うのよ。かっこよければそれでいい。おしゃれってそういうものじゃない？」。去っていく後ろ姿を見て、さすが！　と思ったのでした。

さて、このソムリエナイフ、実は私には少々使いづらい。というのも、口にカチャンとはめてくるくる回せば、いとも簡単に栓が抜けるオープナーの使い心地を知っているから。でも、これを使っていると気分がいい。「ソムリエナイフ」っていう名前だってかっこいいし、しゅっとした見た目も最高。なにより、それを使う（使いこなせてないけど）自分が好き。見た目だけじゃないよと人は言うかもしれないけれど、見た目だって大事、ですよねぇ？

ソムリエナイフはフランス、ティエール村で作られているもの。いろんな種類がありますが、私が選んだのは、柄の部分が黒いもの。とにかく見た目が気に入って。目標はスマートに開けること。練習しないと。

失敗しないために失敗する。

わぁ、すてきだなぁと惚れぼれする女性が私のまわりにたくさんいます。

どうしてそんなに自分に似合う服が選べるんだろう？　ううん、服だけじゃなくてバッグとか靴とか、髪型とか。その人を取りまくすべてのものがかっこいい。するとたいていの人はこう答えます。

「まずはいろいろ試してみることね。自分で買ってまずは着てみる。似合わなかったら悔しいじゃない？　だって決して安くはないお金を出したんだから」って。

それからある骨董屋の店主はこう言いました。

「いいものに巡り合うにはね、とにかくたくさんの美しいものを見ること。美術館とか行ってさ。それからまず気になるものを見つけたら、失敗を恐れずに買ってみることだね」

ほほぅ、買って、使ってみる。するとだんだんものの善し悪しがわかってくるんですって。

「だって失敗すると悔しいでしょ、それが糧になるんだよ」

かくいう私も今まで買いものの失敗をずいぶんしてきました。一番は、浮かれ気分になる南国での買いもの。家に帰り、買ってきた器や布を広げてみると、全然しっくりこない。そうか、これがすてきに見えたのは、太陽とか空とか、心の解放感とか。すべてひっくるめてのことだったのか。

そんなことを何度もして、無駄遣いもたくさんして。最近とうとう気づきました。浮かれた気持ちになっても、決して財布のヒモをゆるめないこと。家に合うか。ふだんの自分になじむか。よくよく考えてから買いなさいってね。

失敗は成功の元、というけれど、なるほどなぁと思う。失敗しないためには、いっぱい失敗すること。身銭を切って、悔しい思いをたくさんする。するとだんだん買いもの上手になっていくのです。

なんだ、もっと近道はないの？　なんて声が聞こえてきそうだけれど、今のところはそれが一番。そう思うと失敗もまんざら捨てたもんじゃないでしょう？

買いものは
いつも
ひとりで。

服や化粧品を買いに行くときも、スーパーに行くときも（戦利品を見せびらかし合ってワイワイする蚤の市やマーケット巡りと、私がスポンサーになる娘との買いものは別）買いものはたいていいつもひとりで行きます。というのも、ひとりの方が気が楽だから。

時々、旅先などで女友だちと「ちょっとこの店、寄ってみようか？」となることもありますが、気になるものがあったらひとりでさっさと試着して、誰かにその姿を見せるでもなく、もちろんどう思う？　なんて相談もせず、いいな買おうと思ったらレジへ。

友だちがまだ見ているようなら、店を出て紙袋を提げたまま、出てくるまで店先で携帯電話など見ながら時間を潰します。その姿は完全に、妻と娘の買いものにつき合う「どこか所在なさげなお父さん」。友人たちから、時々「お父さん」と呼ばれるゆえんは、おそらくこんなところにあるようです。

それともうひとつ、買いものに行く時間があまりないこともひとりで行く理由なのかもしれません。

仕事の合間に時間が空いたら、パパッと選んでパパッと買う。この間5分くらいしかかからないこともままありますが、自分のペースとしてはこれくらいが、ちょうどいい。

先日、食事に行く前に時間が少しあったので、友人と近くのセレクトショップに寄りました。すると彼女「買おうかな、どうしようかな。あっちもいいしこっちもいい」とものすごく悩んでる。予約の時間もせまってきているし、とうとう待ちきれなくなって、どっちも買っちゃえば？　と言ったら「この迷う時間も楽しいのっ！」とプンプン。

ああそうか、買いものに時間がかかるのは、この「迷う時間」ごと楽しんでいるからなのか！　そう思うとなんだか愛おしいではありませんか。

でもね、私はお父さんだから待ってられないの。だからやっぱりひとりで買いものに行くのです。

あの人には決まったお土産がある。

撮影にうかがったこの日、私がお土産にしたのは前に差し上げたものより少し背の高いエッフェル塔。やっぱり長嶺さんには五重の塔よりエッフェル塔がよく似合うとは思いつつも、また急にいたずら心が起こったら変なタワーを買ってきちゃうかも。ちなみにこのタワーを買ったのはエッフェル塔の売店ではなく、どこかのメトロの露店。パリではいつでもエッフェル塔に出会えるのです。

私がスタイリストのアシスタントについていた頃からだから、長嶺さんとはもうかれこれ30年近くのおつき合い。

そうか、初めて会った頃の長嶺さんは、今の私より若かったんだ！　そう思うとなんだか感慨深いものがあります。

当時も今もおしゃれな長嶺さん。ことに撮影でおじゃまする仕事場のすてきさには毎回ドキドキしたものでした。

すっきりしてるのにどこかお茶目なところもある。洗練さと抜け加減がほどよい感じで同居しているとでもいえばいいのかな、それはまるで長嶺さんが撮る写真のようではありませんか！

その仕事場の〝お茶目部門代表〟が、世界各国のタワーを集めたこの一角。久しぶりに拝見しましたが、おや？　なんだか増えているような気がします。

「僕ももちろん買うんだけどね、お土産にもらうこともあるから少しずつ増えてきてる。ほら昔、まーちゃん（私のこと）もエッフェル塔、買ってきてくれたことあったでしょ、パリ土産に」と長嶺さん。

そう長嶺さんにお土産といえばタワー。タワーといえば長嶺さん。こと長嶺さんのお土産選びに関してはまったく悩むことはないのです。

実は、お土産にしたのはエッフェル塔だけじゃありません。ずいぶん昔に、京都でキラッキラの金の五重の塔を買ったこともありました。けれどもここにあるとそのベタな塔も洒落て見えちゃう。なんなの！　この長嶺マジックは？

長嶺輝明
（ながみね てるあき）

写真家。雑誌や書籍を中心に、時代感覚を生かした料理写真を多く手がける。伊藤さんがアシスタント時代、撮影で一緒になって以来の友人で、親しいお仲間で果物狩りに行くそう。

エッフェル塔に、エンパイアー・ステートビル、台北101、奥に見えるのは自由の女神？　東京スカイツリーなんて新顔も。ここにいるだけで世界一周！　ひしめき合ったその様子がなんともかわいい。こういうコレクションって男の人ならではという感じがして、見ていて興味深いものです。

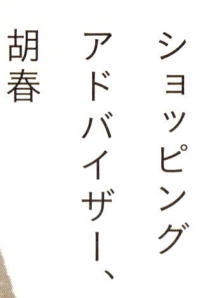

ショッピングアドバイザー、胡春

娘の買いものにつき合ってH&Mに行ったときのこと。「これ、なんだかすごくママっぽい」と指差したその先にあったのがこのコート。試着したら「うむ」という満足気な表情をしたので即座にレジに持って行きました。

着ていると「どこの？」と聞かれるご自慢（フェイク）ファーコートは、黒いリボンつき。「まさこさん着なくなったら私にちょうだいね」ともうすでに予約済みの人気商品です。もこもこしているため、中はすっきり薄めの服を。色は黒が多いかな。

「ママ、今ここが踏ん張りどきかも」。いつだったか娘に言われたこのひと言、胸にぐさりとささりました。このままおばさんになるか。それとも大人の女性になるか。今、分かれ道にきていると言うのです。

もちろん私だって、うすうす気づいていましたとも。でもね、何かと自分に甘い私のこと。自分を磨くよりも、食べたり飲んだりする楽しい方に気持ちが向く。ましてや運動なんてできるはずもなく、なんとなく、日々をやり過ごしていたのでした。

同じ娘を持つ友だちは皆、口を揃えてこう言います。「とにかく厳しい」って。

二の腕がすごいことになってるとか、それ全然似合ってないとか。友だちだったら遠慮して言えないことを、あの人たちは歯に衣着せず、はっきり口にする。そこには嘘偽りのない真実が詰まっているのです。ありがたいんだけど、怖い存在でもある。それが娘。

だから私は、新しい服を買ったときはまず家で着て娘にチェックしてもらいます。「あ、うん。それ大丈夫」だとセーフ、「うーん、なんかちょっとピンとこない」と浮かぬ顔をしたらアウト。

出かけるときも「ちょっとその格好、やめた方がいいかも。ムーミン谷の人みたい」(ダボっとしているということ?)とか言われると素直に着替えます。ってことは、スタイリストのスタイリスト? それとも客観的に見てくれる、私の分身のような存在? よくわからないけれど、とにかく助かっていることは事実です。

買いものに行くときも、気になるのは娘の視線。ことにうちの娘は似合う色にうるさい。「それは肌がくすんで見える」なんて言われると、いくら気に入っていたとしても絶対に買いません。

「ダメ」という言葉も多いけれど、それ似合うよね、と褒めてくれることもあって娘の言葉に一喜一憂。厳しくも頼もしいこのファッションアドバイザーが独立していなくなったらどうしようと今からとっても心配しているのです。

まさこと語ろう！②

— 伊藤さんも「かなり」大人になったから、やっぱり買うもの変わったでしょ。

ま あんまり変わってないような気もするけれど……。

— そう？

ま あ、でも（グッチの靴 12ページ）、こういうのは前は買わなかったかも。

— これも即決？

ま はい。履いてみて今の自分なら、ってしっくりきたんだと思う。じゃ、これ、ください！ って、わりと即決。逆に自分で接客するときは、皆さんほんとに悩むんだなって、びっくりすることがある。75ページにも書いたけど、悩むのを楽しんでる。

— ハイブランドの店でそんなに即決する人いなさそう。

ま そのときも、店員さんが「え？」ってなって……。

— ですよね。

ま うん。接客でよく「すごく人気がある商品です」って言われることがあるけれど、あれ苦手だなあ。私に似合うか似合わないかであって、人気があるからという理由で欲しくはならない。

— うんうん。

ま 販売員さんは若い人多いし、自分で買いものする経験も接客される経験も少ないだろうから、それはしようがないんだなって、最近、思ってきたけれど。

— そんな温かい目で。

ま うん。だから、必要なことはこちらから聞くので話しかけないでくださいっていうオーラを出します。

— オーラを（笑）？

ま 「あ、大丈夫です！」ってね。

— なるほど。

ま だから行き慣れた店につい行っちゃう。必要以上にすすめないし、私に似合うものをちゃんと見繕ってくれる。「このブランドだと伊藤さんは、このサイズ」なんて、熟知してくれてるし。

— 伊藤さん自身の姿勢もきっぱりしてるしね。

ま 最近は、買いものに行く時間がないので、出張先の地方で買いものすることも。

— へえ。

ま セレクトショップとか。

— でも、買いものに行く時間がなくて、この量はないよね……。

ま そうですよね。

— いかに早く決めてるってことか。

ま ちょっと空いた30分とか。

— 30分で試着までできる？

ま できますよ、全然。

— ええ？

ま もうすごいパッパと。

— 私なら、脱ぐだけで精いっぱい！

ま だから、今日、買いものしよう！ っていう日や、展示会に行くときは、脱ぎ着しやすいものを着て出かけます。

— うっそ。

ま ま、基本的に脱ぎ着しやすい服ばっかり着てるっていうのもあるけど。展示会ならヒモ靴とか履かないでスリッポンにするとか。脱ぎ着しづらいといやになっちゃいません？ 試着するの。

— 嫌ですよ。もう冬なんかアウト。

ま　オーダーしても似合わなかった！　なんてときもあるから、とりあえず試着はマスト。

―　胡春ちゃんから服の新陳代謝が激しいっていう証言があったけど？

ま　服はかなり買うので、どんどん人にあげないとたまる一方で。

―　ためたくないのはなぜ。

ま　ごちゃごちゃするのが嫌なんです。

―　私は絶対捨てられないのある！

ま　それはあんまりないなぁ。

―　洋服はたくさん欲しいタイプ？

ま　たくさん欲しいというか、今、「ほぼ日」内でしているお店があるので、まず買って着てみなくては、というようなところがある。

―　なるほど。

ま　お客さまに買っていただくのに自分が着てないっておかしくないですか？

―　それは絶対おかしい、はい。

ま　ね。あと、そこのブランドと服を作るんだったら、展示会行ってまずは買ってみないとね、とか。

―　うーん、プロフェッショナル。

ま　私が買わないでどうする！　と、急に姉御肌に。

―　よっ、姐さん！

ま　そうそう。本でも器でも紹介することが多いから責任重大です。

―　って、前から言ってるよね。

ま　自腹を切るのは絶対大事だと思う。

―　それって、伊藤家のルールとか？

ま　下の姉は昔からすごく迷うタイプ。母は両方買っちゃいなさいよみたいなタイプ。だから、性格じゃないかな。

―　お金がもったいないとか……。

ま　お金は天下の回りもの。ケチケチすると、自分は得してるつもりでも、回り回って何か損してるような気がする。

―　いいね、いいね。

ま　実は私、よく駐車場、間違えてお金払ってて。

―　はあ？

ま　自分じゃないところの（ロック板）がシャーっと降りて……。

―　（絶句）

ま　「えー」ってなるんだけど、その倍は人に払ってもらってる（ドヤ顔）。

―　そんなことあります？？

ま　あれ？　なんでこんなに停めてたのに２００円だけ？　みたいな。だから、いいんです。それでうまく回ってるんです！

―　駐車場のミステリー。何それ。

ま　すごいでしょう。

―　何か急に深い話。買いものから。

ま　だから、ケチケチしないって決めた。

―　いつ決めたんですか（笑）。

ま　わかんない。ずっと前からそうかも。

―　ケチは損する、すごいな。

ま　損してると思いますよ。

―　ケチらないようにしよう。

ま　全然ケチってないと思います。

―　よかった。でも伊藤さん面倒くさがりではあるよね。

ま　買いものが早いのは、面倒くさいからというのがあるかも。人の買いものにつき合うのも面倒くさいし。

―　でも、人によっては面倒くさいから買いものしない人もいる。

ま　なるほど。

―　面倒くさいポイントが人と違う。

ま　何なんですかねえ。

―　面倒くさくて、こんな量買えない。

ま　そんな買ってますかね。

―　量が圧倒的に違うから！

土曜、朝一番のNISSINで

神社仏閣を訪れるときは、朝一番、というのが私の中での決めごと。

なぜって？　それはなんといっても辺りに漂う空気が清々しいし、人が少ないから。何年か前、娘と朝の清水寺を訪れたことがありましたが、あの清水の舞台に私たちだけ！　その日一日、なんだか得した気分になったものです。

食材の買い出しも朝一番で行くことにしています。なぜなら理由は神社仏閣を訪れるときと一緒。清々しいし人も少ないし。掃除が行き届き、商品が棚にきちんと陳列された店内はお客さまを迎え入れる準備万端。店ごと「ウェルカム！」と全力の笑顔で待っていてくれるような気がするのです。

仕事の少し落ち着いた土曜日の朝、向かう先は麻布十番のスーパー、NISSIN。

オープンは8時半。もちろんその時間をめがけて開店と同時に入店します。広い店内はまだお客さんも少なくて、ゆっくり買いものできること請け合い。レジも待たなくていいし、いいことだらけです。

開店時間が早く、一日を有効に使えること、それから精肉コーナーが充実しているところが気に入りの理由。

あれでしょこれでしょ。週の途中で買い足すものはあったとしても、ここでたいていのものを揃えておけば1週間の食生活は安泰。通路も広く、大きいカートでもすいすい進めるところもいいのです。

今日の買いものがこちら。家用と撮影用の食材を合わせると、時にはこのカートふたつ分になることも。左は精肉の冷凍コーナー。アメリカ産のターキー、ウズラなどほかの店ではなかなかお目にかかれないお肉が大充実。私がよく買うのはラムのひき肉1キロパック。ムサカやハンバーグなどを作るときに重宝します。

車に乗り込むとだいたい9時。帰ってから仕込みにとりかかります。

買わせ上手と言われます。

「まさこさんの言うとおり、買ってよかったー」と感謝された額は、その後こんなふうに家に飾られていました。
ね、ふたつ並んでいた方がかわいいじゃない？

「買いものブルドーザー」の異名を持つ植松さん。インドで、ベトナムで、はたまた台湾で、「良枝の通ったあとにいいものなし」。旅を共にした友人たちからそう囁かれています。

「でもね、教室ではいろんな料理を作るから、せっかくならばそれにぴったりな器や雑貨を使いたいでしょ。だからしょうがないの」

そう彼女は言うけれど、まぁ、生粋の買いもの好きってことには間違いない。

植松良枝
（うえまつよしえ）

料理研究家。季節感あふれる食と暮らしの提案をしている。特に旬の野菜や、世界各国のエッセンスを取り入れたシンプルなレシピが人気。雑誌、テレビ、webなどでも活躍中。

instagram:
uematsuyoshie

そんな植松さんと2年前の夏に北欧を旅したことがありました。目指すは北欧一大きいというフィンランドのフィスカルスという街で開催されるマーケット。

北欧雑貨のバイヤーの友人に連れられて門をくぐるとき「どうしよう、まさこさん。わくわくしてきちゃった」と興奮を隠しきれない様子。

「じゃ、1時間後にここで」。いつものようにてんでに別れ、それぞれ自分のペースで見て回ります。30分ほどしてばったり会うと、もうすでに戦利品が両手にいっぱい。「これ、かわいくない？」と見せてくれたのは蝶々の標本額。

「それ、隣に虫もあったよね、並べて飾ったらかわいいのに」と私が言い終わる前に、踵を返して買いに走っていきました。

さすが。買いものブルドーザーは、聞き入れ上手でもあるのだ。「買い逃してなるものか！」と背中で語ったその後ろ姿を眺めながら、そう独りごちた私。

マーケット巡りは、これくらい根性入った友人と行くのが楽しいね。

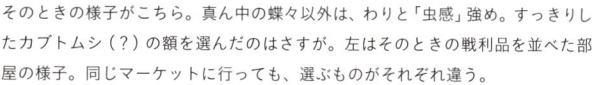

そのときの様子がこちら。真ん中の蝶々以外は、わりと「虫感」強め。すっきりしたカブトムシ（？）の額を選んだのはさすがが。左はそのときの戦利品を並べた部屋の様子。同じマーケットに行っても、選ぶものがそれぞれ違う。

晴れ、時々無性にコンビニ。

カップヌードルは日によって気分によって、プレーンかカレー味かを決めます。スープは最後の一滴まで飲み干すのが私の流儀。サッポロ一番塩らーめんも同様。ジャイアントコーンはコーンのさくっと加減が重要だから商品の回転がいい店を選ぶこと。人にとってはどうでもいい私のこだわり。

時々、無性に食べたくなるインスタントラーメンやアイス、魚肉ソーセージに炭酸飲料。

おなかが空いているからというのはもちろんなのだけれど、満たせばそれでよし、ということでもないみたい。だって冷蔵庫をのぞけば何かしらの食べものがあるし、瓶詰や乾物を駆使して料理すればそれで済むこと。どうしても「それでなければいけない」理由があるのです。

そんなとき、私はお財布にぎりしめてコンビニに走ります。

インスタントラーメンならなんでもいいわけではなく、買うのはいつもサッポロ一番塩らーめんか、カップヌードル、ペヤングソースやきそば。それに、ファンタ グレープがあれば大満足。アイスだったらジャイアントコーン。チョコレートのお菓子なら、グリコのポッキーか明治のストロベリーチョコレート。どれも子どもの頃からある懐かしの味ばかりです。

そんなに好きならストックしておけばいいじゃない、と思うでしょう？　はい、もちろんそうしたこともありましたが、あると思うと熱が冷める。そんなに食べたくならないのが不思議です。

おなかが満足すると、当分の間は食べなくてもよくなるところももっと不思議。発作みたいなもの？　それとも塩分や糖分が足りてないから？　でもまあ、あまり深く考えずに自分の食欲に正直に従うようにしています。

うちから一番近いコンビニは、歩いて3分の坂の上と早歩きで2分の坂の下。私が好きなのは坂の下の方で、そこはいたってふつうの品揃えなのですが、店主とおぼしきおじさんとおばさんの接客が商店っぽくていい感じ。

数人いる外国人の店員さんも、そんな店主のもと、のびやかに仕事しているのが感じ取れて毎回ほのぼのしています。

コンビニに行くときはいつも、あまりの腹減り具合に「ペヤングにしようか、いやカップヌードルにしようか」と気持ちが急くのですが、このコンビニの皆さんの接客のおかげで、いったん我に返る。どうどう、となだめてくれているような気がしてならないのです。

今日のおやつはグリコのジャイアントコーン。もりもり食べながら坂道上って帰ります。

スタイリスト、こんなものだって買います。

「あのスーパーにあるんじゃない？」と困っていた私を助けてくれたのは実は娘。本当に助かってます。いつもありがとう。卵焼き、ちくわの磯辺揚げ、いんげんのゴマ和え、それとタコさんウィンナー。アルミのお弁当箱とも相まって理想のお弁当が完成。

撮影の小道具探しに街を駆け巡るのはしょっちゅう。つっかけサンダル求めて商店街の靴屋をまわったり、好みのピンクのリボンを探して問屋街を彷徨(さまよ)ったり。インターネットでなんでも調べられる時代にはなったものの、素材感とかさわり心地とか、自分の目で見て納得したものでないと小道具として認めたくない。

それを人は「こだわり」と言うのかもしれないけれど、こだわりなくしてスタイリストはやってられない仕事でもあるのです。

食材もまたしかり。この前は「小学3年生の女の子が持っていく、昭和のちょっと懐かしめ弁当」というお題があり、うーむと考えた結果、作ったお弁当がこちら。このお弁当の肝でもある赤いタコさんウィンナーも必要以上にピンク色した田麩(でんぶ)も、頃合いよいのがなくてなくて。

数日前から探し回った末にようやく見つけたのは、意外にも近所の小さなスーパー。冷蔵の棚にこれを見つけたときは思わず歓喜の声が出ましたよ。

旅先で なぜかスーツケースを 買っちゃいます！

この台北取材の担当編集者とカメラマン、3人で連れ立ってリモワに行き、みんなひとつずつスーツケースを買いました。それもよい思い出。でもさすがに最近、少し大人になってきたのか、スーツケース買いは落ち着きました。家の中でかさばるしね。

「まさこさんが旅でよく買うものはなんですか？」。いつだったか、トークイベントでこんな質問を受けました。

　即座に「スーツケースです！」と答えると、その方「え、そんな大きなものを」とキョトンとした顔。そうか、もしかしたらかわいいパッケージのお茶とかお菓子とか、各国のジップロックなんかのお役立ち雑貨とか、そういう気の利いた答えの方がよかったのかと少し反省。

　大ざっぱな性格からか、スーツケースひとつで行ったとしても、その容量を考えず、だったらもうひとつ買ってしまえとなる私。このリモワのスーツケースも台湾旅で買ったもの。思えばそのときは15年ぶりくらいの台北。仕事で行ったにもかかわらず、見るものすべてが新鮮で、取材先の市場や問屋街など行く先々で買いもの三昧。帰る日になって、荷物入らないかも？　となったのでした。

　でもね、それを言うと「わかるー」と言う友だちは多いのです。旅先の物欲には勝てない、ってね。

胡春は母をこう見てる。

一人娘であり、伊藤さんの専属ファッションアドバイザー(?)である胡春ちゃんが見た、母のお買いもの(よーく見てます)。

— 伊藤さんと一緒に買いものに行ったりする?

胡春(以下**こ**) 昨日久しぶりに行ったけど、最近わりと別行動。

— 子どもの頃は?

こ よく行ってました。玉川髙島屋とか。

— 今回の原稿の中で、胡春ちゃんに、洋服をチェックされるって書いてあったけど。

こ はい。「どう思う?」ってよく聞かれるし。

— 目についたらすぐ言っちゃう?

こ うん、そうですね。

— 雑誌とかだと、伊藤さんは暮らしにこだわり持ってるすてきな伊藤さん! て感じだけど。

こ うん、うん。

— 胡春ちゃんから見て、ここがちょっと……ってとこある?

こ うーーん。勢いがある?

— 勢い! たとえば?

こ 友だちと会うって言ったら「ママも行きたい」ってついてきて、モデルをしている子なんですけど、「かわいいー!!」ってバシバシ写真撮って……。

— はあ。

こ 撮ったと思ったら、あー眠くなっちゃった 帰る! って、散々騒いだあと、すぐ帰った。

— なるほど。

こ 勢いすごいなーと思って。買いもののときも、全然悩まないし。そもそも迷うだけの選択肢を持たない性格というか。すごく単純明快な視界を持ってる。胡春のことわかってるのかなあって(笑)。

— 胡春ちゃんは悩む人?

こ 悩みます。

— だよね!

こ 服も年に1、2回しか買わない。すごく悩んだ末、買わなくていいかって。

— そうなんだ。

こ だから、全然違うんです。

— 買うのをやめるのはなぜ?

こ 本当に欲しいかわからない。

— わからない!

こ 着てみて、ちょっとでも違ったら、やっぱりこれじゃないかもしれないって。

— 厳しいんだ。

こ うん、うん。

— じゃあ、伊藤さんは?

こ 厳しくない。厳しくないのもあるし、

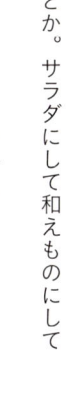

あと、たぶん、自分が本当に欲しいものをパッて見つけられる。

ー　確かに。

こ　買い損ねたとかもあんまりないし、ほかにも似合うものがあるのかもしれないけど、目についたもので完結させる。

ー　ね、ね、いつも、そういうふうにお母さんのこと見てるの？

こ　結構、すべての物事に対してこういう感じ。

ー　ほお。

こ　全然違う人間だなあ、真逆だなあって最近、すごくよく思います。

ー　今回、台湾できくらげを枕くらい買うっていうページがあるんだけど、ほかのお母さんこんな量買わないよね。

こ　毎回、戻しすぎる。朝食べて、夜食べてとか。サラダにして和えものにしてスープにして……まあ、大体戻しすぎてます。だからなくなるのが早いのかも。

ー　ごはんもたくさん作るんでしょ？

こ　よく作りすぎちゃったーって言ってます。それ、おばあちゃんもです。

ー　おじいちゃんはワニ買ってくるし。胡春ちゃんにもそのDNAがあるのかなと思ったけど。

こ　ううん。私は父親似。マンガやCDとか集めてたし、ガチャガチャも好き。コレクターの気持ち、よくわかります。

ー　ちょっとオタクマインド？

こ　そうです。オタクです。

ー　そういわれたら、全然違うね。そんなお母さん見てどう思う？

こ　買えるんなら、お金とか気にせずに買いたいだけ買ってくださいって。

ー　服とかすぐに人にあげちゃうでしょ。

こ　食器とかもそうです。

ー　ずっと残ってるものって何かある？このバスケット（1ページ）とか？

こ　そうですね。これはずっとあります。（人に）「回してくもの」と、「回さないもの」がある。

ー　整理整頓！　回すものと残すものって何が違うんだろ？

こ　「土台」になってるんじゃないですか。

ー　「土台」って言い方おもしろい。

こ　このお皿（イッタラのパラティッシ）もずっとありますよ。あと、ムーミンのマグカップとか。

ー　でもちょっと最近変わったでしょ？

こ　アクセサリー全然つけてなかったのにリングつけてるし、グッチの靴も。

ー　意外だった？

こ　「え？　グッチの靴買ったの？」って言ったと思います。こんなわかりやすくロゴの入ったもの持ってなかったから。

ー　バターナイフや団扇とか白い器とか、似たものをたくさん持っていたり。

こ　普通じゃないんでしょうね。こんなの（団扇）使ってるの見たことないし。バターナイフだって2個あれば充分じゃないですか。

ー　あはは。ホント、よく見てるねー。

こ　でも、（母は）すごい人に愛されてる。信頼されてるから。

ー　そして、誰よりも胡春ちゃんにかまってほしいんだよね（笑）。

お土産マイブーム、エッグスタンド

エッグスタンドというとハンプティ・ダンプティの下半分みたいな形をイメージしてしまうけれど、実はそれだけじゃありません。お猪口みたいな形や持ちやすいように側面がへこんだものもあるんです。

きっかけは旅先の湖近くのホテルの朝食。使い込まれた木のテーブルの上には、パンが数種類、ハムにチーズ、ヨーグルトとフルーツ。シンプルな朝の光景でしたが、そこで使われている器やかごがどれもすてき。ああいいなぁ、こんな朝のはじまり。そう思って眺めているとき、目に留まったのが、無造作にかごに入ったいろんな種類のエッグスタンドでした。

そうか不揃いでもいいんだ。むしろばらばらな方が選ぶ楽しさもあるのかもしれない。それからマーケットやヴィンテージショップで見かけるたびにちょこちょこ買うようになりました。

「卵を立てる(その名もエッグスタンドだし)」というただそれだけのためにある器ですが、気にして見ていると形も色も肌合いもいろいろ。なかなか興味深い存在。

これいいな、これも、と買ううちにけっこうな数になりましたが大丈夫。これを旅のお土産にするのです。

「あればいいけど、なくてもそんなに困

横の姿もいいけれど、上から見た姿もなかなか。ふだんはこんなふうに器に入れて収納。どうぞお好きなものを、と飲み屋のお猪口みたいにしたいところだけど、ゆで卵をそんなに大勢で食べる機会もなく、なかなか出番なし。でもいいのだ。

らない」。そんな位置づけの器なだけに、持っていない人も案外多くて、プレゼントするとたいそう喜んでいただける。小さいから食器棚の隅にもおさまるし、思い出にも残るし。

中には「塩を入れてみた」とか「アクセサリー入れにしてる」なんて人もいて、なんだか新鮮。そうか、卵を立てるだけだとばかり思っていたけれど、使い方は自由だものね。

黒いの、茶色いの、金のラインが入ったもの。しばらくエッグスタンド土産ブームが続きそう。

ホテルで見たかご入りエッグスタンド。この写真を見るだけで、そのときの光やコーヒーの香りを思い出す。

街を買い尽くせ！ミッション③

神保町、古本屋巡りとおいしいもの

撮影や打ち合わせなどの用事でちょこちょこ訪れる集英社。その後に必ず寄るのがご近所、神保町の古書店街です。とくに欲しい本があるわけではないときでも、寄らずにはいられない。素通りできない魅力がこの街にあるのです。

古い本の匂い。ちょっとクセのある店主。それぞれの店ならではの品揃え。ひとつとして同じような店がないところがいい。お店ってこうであって欲しいな、そんなふうに思わせてくれる店が勢揃い。こんな場所、日本の中でほかにあまりないんじゃないかな。

今までの経験から、よっしゃ今日は掘り出しものを見つけるぞ！　と腕まくりして回るのではなく、いいものあったらめっけもの、くらいのゆるい感じで見て回るのがいいみたい。すると本が向こうから、「どうぞ私を見つけてください」と寄ってくる。ここで見つけたよい本はたいていこんな出会い。

さあ、まずはちょっと深呼吸してのんびり歩こう。途中、休憩をはさみながら。

悠久堂書店

神保町歩き、はじめは創業大正４年（！）の悠久堂書店へ。ここで私がチェックするのは１階の料理本のコーナー。読めば世界一周美味巡りしたような気分になるタイムライフブックスの『世界の料理』や辻留、辻嘉一の『味覚三昧』、水上勉の『土を喰ふ日々』等々、わが家のお宝本は、コツコツと時間をかけてここで揃えました。2階は山の本が充実していてそこもまたいい。ここでは串田孫一の『山のABC』や文芸誌アルプなどを。

日本料理、フランス料理、エッセイなどカテゴリー分けされていて見やすい本棚。チーズや落雁など、ひとつの食材やお菓子に焦点を当てた本もあって調べものをするときにとっても助かる。

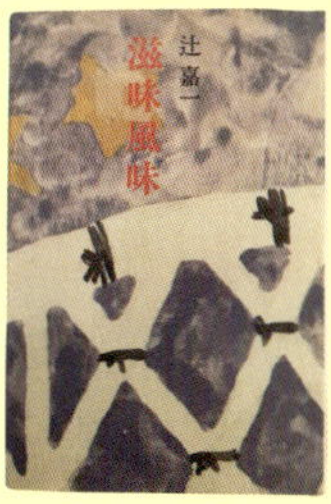

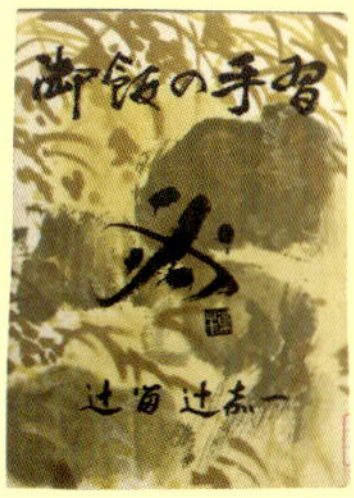

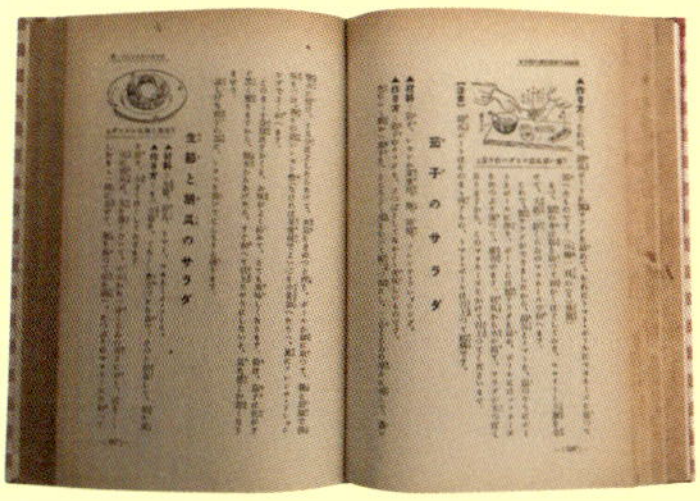

今日はシリーズで集めている辻嘉一の『御飯の手習』と、表紙のイラストが妙に気になった『世界の食物』、赤いギンガムチェックの布張りがキュート（でも中は大変真面目）な『家庭向き西洋料理の作り方』の3冊を。内容のみならず、装丁やデザインなど、本作りの参考になりそうなものを買うことも多い。

神保町には珍しく、ファッションを勉強中なのかな？　と思わせる若い子もチラホラ。

↓

ランチョン

買った本を小脇に抱えて、お昼を食べようと向かった先はビヤホール ランチョン。神保町歩きは靖国通りを中心にするので、通りの中ほどにあるこのお店は途中立ち寄るのにちょうどいい。メンチカツ、ナポリタン、白身魚のフライと、魅力的な洋食メニューが並ぶので、なかなか悩ましいのですが、今日は日替わりランチのポークソテーを。ほどよいサイズのランチビールもおすすめ。

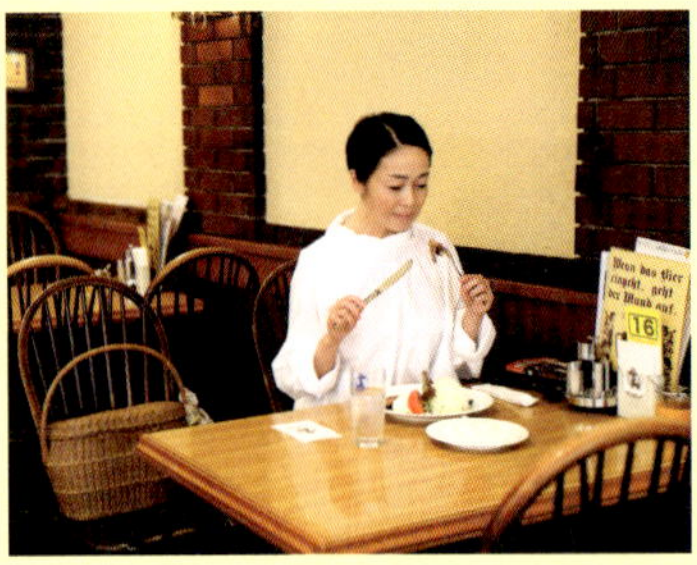

オーダーを済ませたら買った本をいそいそ取り出し読み始めます。ふとまわりを見渡すと、私と同じように買った本を眺めてるおじさんがけっこういました。

↓

magnif（マグニフ）

国内外の古い雑誌を探すときはmagnif。LIFEやVOGUE、Harper's BAZAARなどの洋書からポパイや暮しの手帖など日本の雑誌まで、どれも洒落たセレクト。ファッション関係のお客さまが多いというのにも納得です。時々、自分がスタイリングした本を売っているのに遭遇したりして、懐かしいなぁなどと眺めたりしてついつい長居。でも大丈夫。適当な感じで放っておいてくれるのも神保町のいいところ。

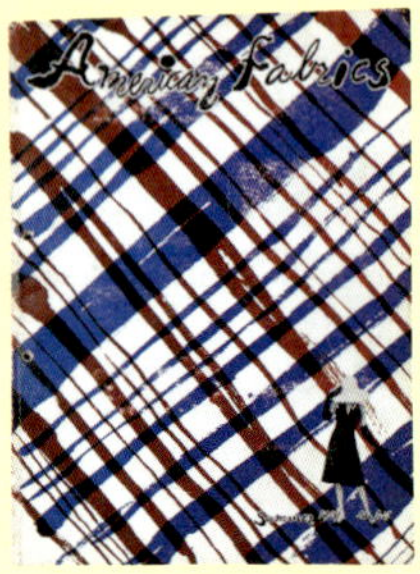

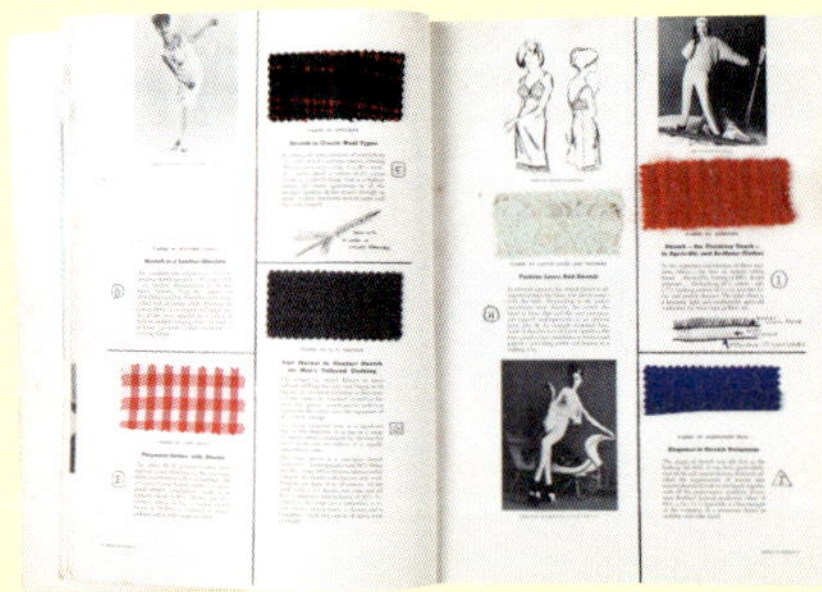

戦利品は、37×28cm、大判の『American Fabrics』という本。写真とともに布見本が添付されていて手作り感にあふれるかわいい本。

さぼうる

　最後は駅近くの喫茶店さぼうるに寄って、帰る前にちょっとひと休み。本屋と同じで「ここしかない」と感じさせる喫茶店が多い神保町。なかでもさぼうるは店の中に流れる空気が独特。ここで好物のいちごジュースを飲んでいると、ああ私、今さぼうるにいるんだ！　なんて〝さぼうる気分〟でいっぱいになるのです。サンドイッチやピザトーストなどもあるので小腹が減ったときに助かる。人気のナポリタンは思わず二度見するほど山盛りです。

駅の階段を上がって数十秒！　場所柄か編集者とおぼしき人が原稿チェックをしていたり、打ち合わせしてたり。本の街なのだなぁ、ここは。

次なる場所に向かう途中も、本探し。店先に設けられたワゴンの中や、ここすべて100円、なんて書かれた本棚にも宝が眠っている場合が多し。

コミック高岡

　神保町で買うのは古本だけにあらず。新刊は三省堂書店で、漫画はコミック高岡でチェック。インターネットで気軽に本が買える時代になりましたが、私はやっぱり、本は本屋で買う派。これ、と目指すものだけでなく、新たな発見があるし、お店の人との会話から「読んでみようかな」なんて気分になるものだし。なんてことを書いていたら今年の３月でなんとこちらのお店は閉店。あらゆるオタクを受け入れてきた漫画の名店がまさかの閉店？　とずいぶん話題になりました。靖国通りをはさんで反対側にあったプードルケーキが有名なお菓子屋さん、柏水堂も閉店してしまったし。変わらないように見えて少しずつ変わっているのは時代のせい？

『きのう何食べた？』の新刊はここで買う、というのがなぜか私の決めごとでした。帰る電車の中で読むのが楽しみだったのになぁ。さみしい。

まさこの迷言集

イチかバチかです。

迷ったら買う。

（お店が）開く時間がいつなのかを、つねに頭に入れてる。とにかく気持ちよく買いものしたいから。

大きさ、重さ、気にしない。

買って使わないと気がすまない。

いいや、買っちゃえ。かわいいし。

買いもの好きだけど、コレクターじゃないんです。

着回しとか考えず、好きなものを買う。

今買わないでどうすんの？

買わなかった後悔より、買った後悔の方がいい。

そのものの価値がどうっていうのはまったく気にならないんです。自分がいいかどうか。ただそれだけ。

すごい使いづらいんですよ。かっこいいと思って買ったものが。でも、いいんです。見かけ優先だから。

ただ
好きなものを買ってる。
見て、いいもの、
自分に気持ちいい
ものを買ってるって
いうだけの話で。

失敗を恐れない。

スタイリストだから
たくさんのものを
見なきゃ(買わなきゃ)
というより、たぶんDNAに
組み込まれているんだと思う。
買いもの好きが。

自腹切ってまずは買う。
そこからが
お店とのつき合い。

梱包力も
買いものには
必要なスキル

風通しよくしたいから、
すぐ人にあげちゃう。
私にはマイ・ヴィンテージは
ありません。

全部買います。

酔ったら
買わない。

友人の買いものに
つき合う私はまるで
「所在ないお父さん」

買いもの早い。
人生の決断も
早い。

どっちがいいかと
聞かれたら、
「どっちも買っちゃえ!」

まさこと語ろう！③

— はい、「量」の話の続きを。

ま そうそう。量がすごいとはよく言われる。

— だよね。きくらげだけこんなに買うって、絶対変でしょ。

ま ごはんのとき足りないのが嫌で、いっぱい買っちゃう。これは母の影響かも。明日も実家で〝お肉じゅうじゅうの会〟っていうのがあるんだけど……。

— 〝じゅうじゅう〟！

ま 伊藤家秘伝の肉みそをつけながら食べる焼き肉なんですが、母が「2キロぐらい買っとけばいいかしら」って、牛肉。

— 何人で!?

ま 8人かな。足りないのはほんとうに嫌みたい。

— 足りないってことないでしょ〜。

ま だから、一応2キロ買って。

— 2キロ……。

ま 余ってもすき焼きにしたり、持って帰りなさいって包んでくれたり。

— なるほど。無駄になってない。

ま みんなに遠慮しながら食べてもらうのが嫌みたい。私にもそういう気持ちがすごくある。

— なるほどね。

ま 父も母もわりとそういうタイプ。

— 伊藤・父といえば、ワニを買う話！

ま 小っちゃい、30センチぐらいのを。

— 結構大きい。

ま ちょっと豪快かも？

— 男の人も豪快な人が好きって書いてたよね。

ま ケチな人が苦手で、豪快な人が好きっていう。

— 意外な方向に話が向かっちゃった。きくらげ。これ、もうだいぶ減りました？

ま はい。そろそろ買いに行かないと。人にもあげるし。(料理家の)長尾(智子)さんが、「ちょうどいい大きさね」って。小さいから切らなくていいし、肉厚。調味料が絡みやすいんです。

— 毎日、食べるの？

ま 1週間に1回、食べるか食べないか。

— でもこの量、食べきっちゃう。

ま そうですね。好きなんで。

— どのぐらいもつの？

ま 半年ぐらいかな。1年に1、2回買う感じ。日本で売ってるのって、ちょっとしか入ってないから。

— しかも、結構高い。

ま そうそう、ケチケチしたくないし、いっぱい使いたい。

— だから戻しすぎちゃうんだ(笑)。

ま うん。

— 伊藤さんがおもしろいのは、食材でもなんでも、すごい量は買うけど、ものは増やさない。

ま そう？

— 買うってものが増えることだから！

ま そうなんだ。

— ものをため込むために買うんじゃないんだなこの人、と思った。

ま そうそう。この前もアート作品を人にあげちゃった。

— えーっ、何ですか、それ。

ま あんまりものに固執しないタイプのようです。

― そこのところを聞きたい(必死)。

ま　洋服も容量を超えそうになったら年下の友人たちに振り分ける。「この人が持ってた方が、このもののためになる」っていうものはあげて、どんどん回す。この前、陶芸のミュージアムの館長をしている友だちから、陶器で作られた真っ白の漏斗を展示用に貸してって頼まれたんだけど、「返さなくていいよ」って。うちにあるより、そのミュージアムにある方が漏斗のためにもいいもの。コレクター的な要素はまったくないんですよ。

― ハーイ。じゃあ、自分で「買いもの好き」だとかいう自覚はある?

ま　だって気分がウキウキするし。

― そうなんだ。

ま　「今日、買いものしたい!」みたいな日とかもあるし。

― 買いものすると、パワーが湧いてくるとか?

ま　気持ちがスカッとする。

― わかる!

ま　でも、ものが増えた結果、ごちゃっとした部屋にはいたくない。いつでもすっきりしていたい。

― しかも買ったものはちゃんと使う。この角偉三郎のお椀(18ページ)も。

ま　ほかの合鹿椀と一緒に使ってます。見る人が見ると、「角さんだ」ってわかるみたいで、裏返す。高台に書かれた点で、何年代に作られたものってわかるみたい。などと言うのは、たいてい男の人ですね。オタク要素が強いから。

― 実際には何を。

ま　にゅうめんとかお茶漬けとか盛ってます。かっこいいですよ、これに入れると。同じく角さんのお盆もおにぎり入れて差し入れにしたり。

― しまい込まないんだ。

ま　しまい込んでるけど、すぐ出せる。

― いやいや、それ、しまい込んでる範疇じゃないし。

ま　そういや、ヒロミちゃんが、ここんちにあるものって、全部、使われてるよねって言ってた。

― でも、急に手放すこともある……。

ま　うーん、ここにある食器が、何かで全部なくなっても、ま、そういうことだったんだなって思える。もの好きなのに、固執しないという不思議な性格。

― 人のこと、羨ましいとかそういうことも?

ま　ないです、ないです。

― ないんでしょうね。ホントに。

ま　うん……あ、でも最近、痩せてる人はちょっと……。

― あ、それは羨ましい?

ま　羨ましい(笑)。でも、お金を持ってるとか、いいところに住んでいるとかで羨ましくなる気持ちはないなぁ。

― お金が重要って考えない。

ま　はい。

― マジか……。最後に、いろいろ聞いてきたけど、感想ある?

ま　買いものには性格が出るなと思いました。誰でも買いものの本が一冊書けるくらいの。

― みんなの買いもの本。

ま　うん。だって、毎日、買いものしてるんだもん。

― 確かにね。こんなに伊藤さんの買いもの、おもしろがっちゃったけど。

ま　そうですよ。何かちょっと量が変っていうだけで。

― やっぱ、自覚はあるのね(笑)。

バック・トゥ・定番。やっぱりいいね、30年ぶりのリバイバル

ここ最近、やっぱり、いいものはいいんだ！ と改めて見直しているのが、定番といわれているアイテム。

リーバイスの501、アニエスベーのカーディガンプレッション、J.M.ウエストンの靴、セントジェームスの長袖ボーダーTシャツ、エルベ・シャプリエのトートバッグ、そして左の写真のバーバリーのトレンチコート。

どれも知らない人はいないというくらいのザ・定番。「持ってる持ってる」という人も多いのではないでしょうか？

10代終わりの頃の私はまるで制服のように、アニエスベーのプレッションとリーバイス、バッグはエルベを持って学校に通っていました。

パリにかぶれていたあの時代。レ・アールのアニエスベーを初めて訪れたときは、なんだか感慨深かった。見るものすべてがかわいいし、洒落てるし。もちろんパリジェンヌに近づけるはずもないのだけれど、なんとか形だけは、と背伸びしていたような気がします。それがもう30年前のこととは恐ろしい。

バーバリーのトレンチコートは、7、8年くらい前に買ったもの。本当は若い頃欲しかったのですが、もちろんそんな高いものが買えるはずもない。ロンドンに行ったときに古着屋巡りをして、手に入れようと思ったものの、状態のよいものはやっぱり高い。今の私には不釣り合いなんだと泣く泣く諦めました。

それから20年以上たった再びのロンドン旅。勇んでリージェントストリートの店を訪ねたものの（セール中だったからか）私に合うサイズはなし。ボーイズはどうかしら？ と店の人に恐る恐る聞いてみたところ、「体のラインが違うからダメ」とつれないひと言。

「日本人に合うようなサイズが日本に売っているからそちらで選んでみては？」。ロンドンを経由して、晴れて（なぜか）東京でようやく手に入れたというわけ。長いし遠かったけれど、やっと自分のものになったときは、ものすごくうれしかったなぁ。

実は買った当初は新品具合がしっくりこず、グチャーっと丸めては伸ばし、を繰り返し、
家の中で着たりしていました。近頃、ようやく自分の体にしっとりなじんできてうれしい。
デニムにも、ワンピースにも。ブーツにも、ヒールの靴とも相性よし。

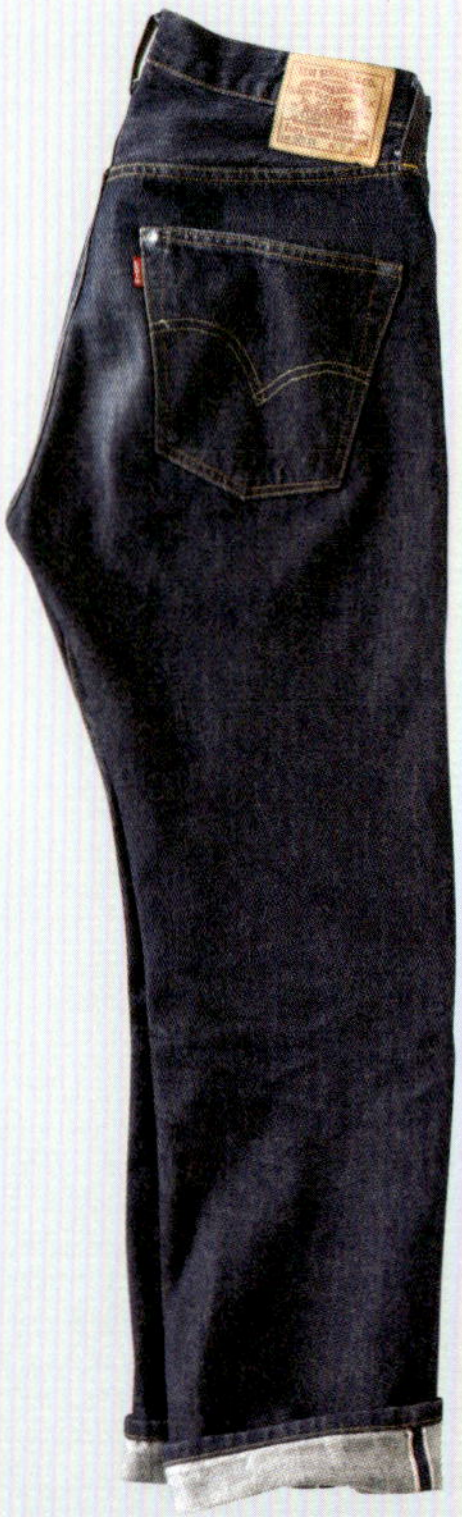

501もボーダーTも、エルベのバッグも、最近、私の中でリバイバル買いしたもの。久しぶりに着てみても、初めましての感じはまったくなく、すぐにしっくり。501は古着から新品へ。エルベはピンクや水色からネイビーへと、同じものでも昔と比べて少し変化したところはなかなか興味深い。

アニエスベーのプレッションは娘に買ってあげたもの。ほかに白も持っていて、洗っては着る彼女の定番。そうだそうだ、私も同じ年頃に着ていたんだった。懐かしさも手伝って時々、拝借しています。あのパチンパチンという音ごと懐かしい！

欲しかったけれど高くて買えなかったもうひとつのものがJ. M.ウエストンのローファー。私のまわりのおしゃれさんは「若い頃、無理して買った」という人も多くて、そのときのものが今でも現役とか。年季の入った様子は、かっこいいのひと言。

私も無理して買えばよかったなぁとは思うものの、時すでに遅し。30年後、おばあちゃんになったとき、いい感じになるよう、今から大切に履いて育てていこうと思っています。

このローファー、みんながみんな、口を揃えて「買ってよかった」と言うところはさすがのザ・定番。パリの本店で買った率がものすごく高いのも当時の傾向と言えましょう。

私もパリでと言いたいところですが、欲しいと思った時が買い時！　とばかりに（まったく未定の）次回のパリまで待てず、日本で手に入れました。この、こだわりのなさは、大人になったからこそなのかもしれないなぁ。

旅先では
浮かれ気分で。
だって
かわいいんだもん。

18cmほどの高さの瓶に入ったずしりと重いローカルの蜂蜜。お菓子を作ろうかレモン漬けでも作ろうか思案中。

マーケットやスーパーなどで目にするクマの容器入り蜂蜜。ミニサイズもあってひとり分の朝食にぴったり。

ノースショアのオーガニックショップで手に入れたマスタード２種。迷うと「どちらも」となるのは食材も一緒。

パッケージが気に入った塩はもちろんローカルのもの。ちょっと重いけれど、お土産にしても喜ばれます。

スーパーでチェックするのは塩。どこを旅しても必ず現地のものをいくつか調達。今回は粒粗めのこちらを。

小ぶりな容器に入ったナッツはホールフーズ・マーケットで。かゆいところに手が届く品揃えがにくい。

ナッツとともに買う率が高いドライフルーツ。持ち帰りしやすいし、常温でもオッケーだし。

「おいしいわよ」と店の人に薦められたら買わないわけはない？　しっとり、こっくりした甘みの蜂蜜。

こちらもノースで。滞在中、小腹が減ったときにぱくり、のくるみ。残ったら蜂蜜漬けにする予定。

ハワイは食材とコスメを。

ハワイのバカンス。限りなく天国に近いこの島で浮かれ気分でいられないわけがない。買いものだってきっといつにも増して弾んじゃうにちがいない。

青い空、透き通った海、大らかで温かい人たち、ゆるっとした時間。滞在中、気分はすっかりハワイアン。

ショッキングピンクの花の髪飾りをしている人を見ては、いいなぁ。ハワイアン柄のワンピースを着ている人を見ては、かわいい。日焼けしている肌とも相まって、ちょっと大胆な色や柄がほんとうによく似合ってる。せっかくだから私も何か買おうかな、なんて気分になってくる。

でもちょっと待って！　今まで南国での買いもの、何度となく失敗してなかったっけ？

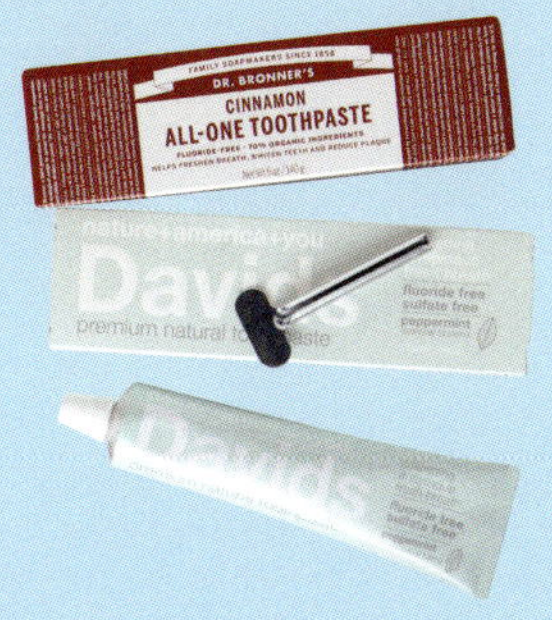

パッケージのデザインと、くるくるとチューブを巻いていく金具つきが気に入って。これ、とてもよかったので次回の買いものリストに。

ローカルなスーパーに行ったときに、前に買ってよかったTom'sの歯磨き粉を発見。ためしに４種類買ってみた。

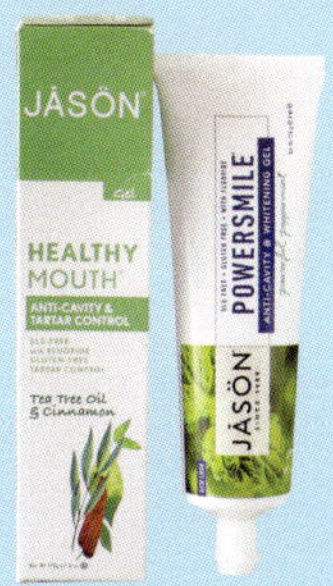

外国で買う率が高いもの、それは歯磨き粉。時々、えっ(?)という味もあるけれど、デザインがいいもの多し。

アメリカ圏に行くと買うのが、ジョンマスターのヘアオイルとワックス。毎日のケアに。

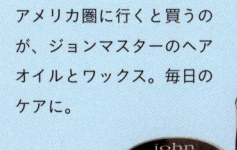

なんだか体に良さげなパッケージ。歯もすこやかになりそう？　ただいま出番待ちのためストック場所へ。

ABCストアではトランプのチビ石鹸を購入。このパッケージを見たら買わずにはいられない。

ホールフーズで見つけた石鹸は無骨なデザインが気に入って。好きな数だけ袋に入れます。

滞在中必ず買うのが、日焼けした肌にシュッとひと吹きするローズウォーター。ハワイの必需品。

いろんな香りのウォーターミスト。なかにはきゅうり、なんてものもあって、買わずにはいられません。

そうだそうだ、いけないいけない。気持ちを落ち着かせて買いものしないと。ここでわれに返れるようになったのは、すごい進歩。われながら大人になったものです。

さて、ではハワイで何を買うかというと、ドラッグストアやマーケットに並ぶ、コスメや食材。

ワイキキの大通り。名だたるブランドショップを横目に見ながら、スーパーの袋を両手に提げてぶらぶら歩く。そんなハワイもまた楽し。今度の休みもまた来ないとね。

旅先では
浮かれ気分で。
だって
かわいいんだもん。

ベトナム、市場で大暴れ！

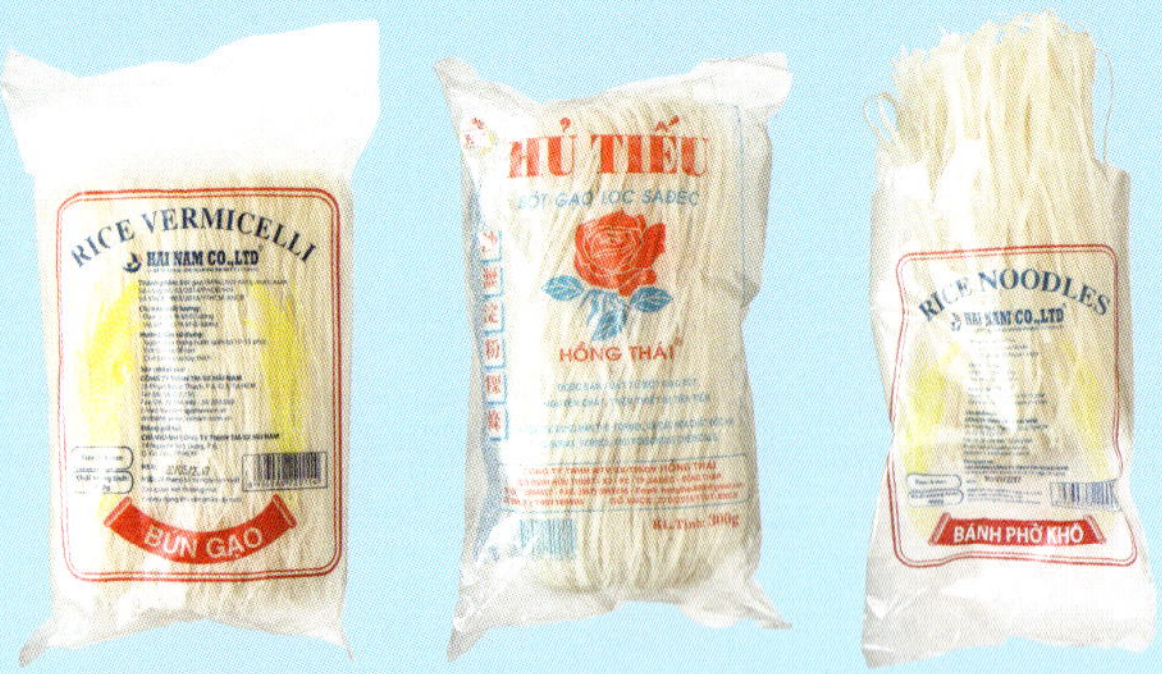

いくつか買ったフォーの麺の中でも、一番気に入りは真ん中のバラ柄。フォーなのになぜにバラ？　帰ってから記憶を頼りに作ってみましたが、なかなか現地の味には近づけない。今度はもっと味を覚えて帰らないと。

油で揚げるとさくっとしたえびせんになる。そのまま食べちゃダメですよ。

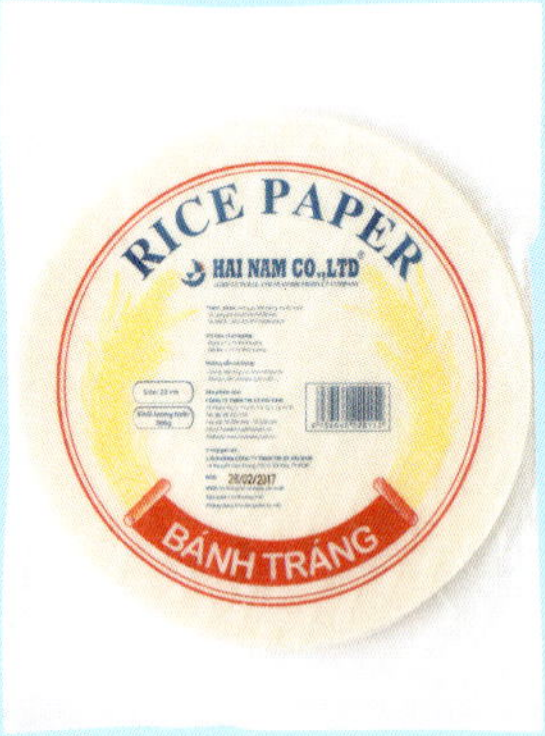

このとき買ったライスペーパーはほかにあと10袋ほど。食べ比べてみると、それぞれ厚かったり薄かったり。きっと現地の人は生春巻きにはこれ、揚げ春巻きにはこっちなんて使い分けているんだろうなぁ。

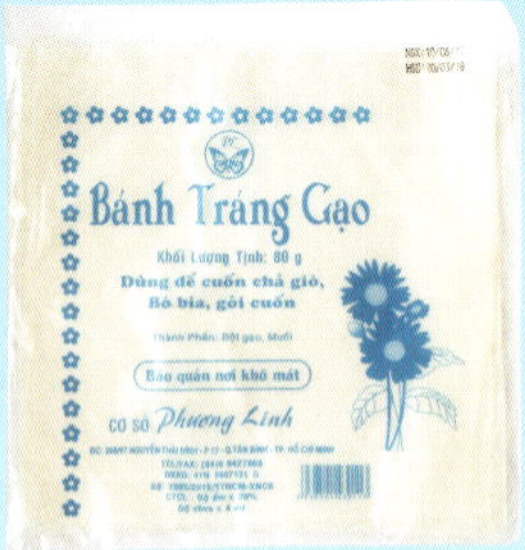

料理家の友人にお土産にしたライスペーパー。繊細なブルーの文字とイラストが気に入って。

仕事で訪れたベトナム。毎日ほぼ取材と撮影で買いものするヒマはなし。まあ、そんなときもあるね、と涼しい顔を装っていましたが、ふと立ち寄った市場で急に買いもの心が爆発。「あまり時間がないのでさくっと見て帰りましょう」というコーディネーターさんの言葉が逆に火をつけたみたい。

今ここで買っておかないと！　とばかりにライスペーパーやフォーなど、かさばるもの中心に買いもの。選んだ基準はパッケージのかわいさ。色使いや文字のフォントなど逸品揃いでしょ。

ナッツ類を売る店。気になったけれど、あえなく時間切れのため後ろ髪引かれる思いで市場をあとに。

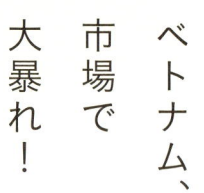

NYでバター大量買い!?

ニューヨークではバターをたっぷりと買いました。ハワイでも、ベトナムでも何か気になるものを見つけると、どうやらそればっかり買う傾向にあるみたい。でも、それがなぜなのか自分でもさっぱりわからない。

バターはおもにホールフーズで。見かけると素通りできない、気に入りのスーパーでは、気の利いたものが見つかるし、パッケージも洒落たもの多し。

下の段はユニオンスクエアのグリーンマーケットにて。それにしても、この旅は食材をたっぷり買ったなぁ。

左の箱を開けると、この茶色い包みが現れる。箱を広げると内側には手書き風のメッセージが現れます。芸が細かい。

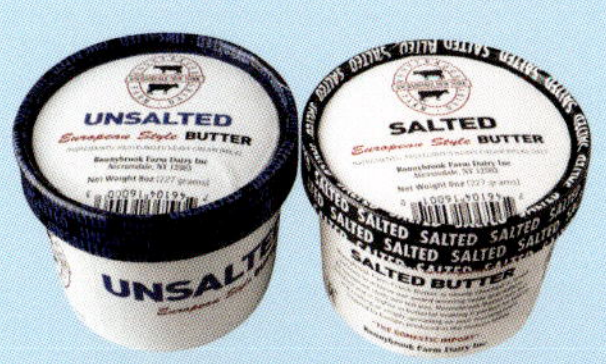

有塩・無塩、もちろんふたつずつ。帰ったら少しずつ小分けしてラップに包むのですが、これがなかなかの大仕事。

バターは有塩と無塩の2種類揃うものが多い。どちらか迷ったときはどちらも買うのが私の買いものの流儀。左はこっくり濃厚、山羊のバター。

時々見かけるこのピスタチオのおいしいことったら！　家まで待ちきれず、いつも部屋でぽりぽり。

アーミッシュの方々が作ったピクルス。「すごくおいしいよ」と一緒にいた友人の言葉に背中を押され購入。

これなんだろう？　メイプルシュガー！　食べてみると意外にも和風の味わい。白玉にも合いそうです。

メイプルシロップもいくつか。割れものを持ち帰るために、エアパッキンとスーツケースに入る小さな箱持参で。

メイプルバターは、いつも立ち寄るユニオンスクエアのメイプル屋さんで。何を買ってもおいしい、安心の店。

窓の外はエンパイア・ステートビル！　毎回ニューヨーク気分を盛り上げてくれるホテル選びをします。

お土産買いの極意

京都で必ず立ち寄るのは祇園の鍵善良房。この地にどっしりと根づいた感のある堂々とした風格の店構え。暖簾をくぐると、ああ私、京都にいるんだぁと実感します。

品があってさりげなくて。中に何が入ってるんだろう？なんて興味もそそられる鍵善のラッピング。

旅先でお土産を買うのは楽しいものです。これあの人好きそうだなとか、たしか好物だったはず、なんて相手の顔を思い浮かべながらの買いものは、幸せな気分になるから。

私の旅のお土産選びはふた通り。ひとつは、作られたその日、もしくは翌日までに食べなければいけない、日持ちのしない生菓子と半生菓子。もうひとつはある程度日持ちする干菓子や焼き菓子。

前者は、帰ったその日に大急ぎで届けに行くのですが、それが「お土産速達便」みたいで「わざわざありがとう！」とたいそう喜ばれる。

後者は翌日以降、仕事で会った方に、あ、そうそう京都行ってたんだ。ハイこれ！　なんて言いながら渡すのですが、こちらはこちらで気軽な感じがいいみたい。

どれも私が食べたいものばかりの気に入り。「つまらないものですが」なんて決してへりくだらない。もう、おいしくて最高なの。食べてね！　と大きな声で伝えたいものばかりです。

京都では、お菓子をいろいろ選びます。

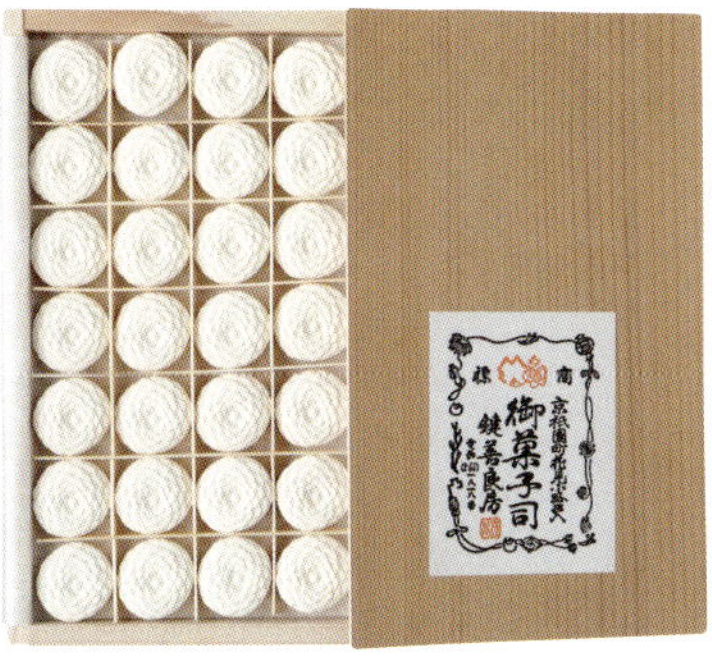

鍵善のお土産、私の定番は菊をかたどった愛らしいお干菓子、菊寿糖。個数違いで箱が何種類かあるのですが、この木の箱に入ったものが好き。口の中でスーッと溶ける穏やかな甘みです。

山椒の風味がほのかな岩山椒（左）は栗蒸し羊羹同様、早めに食べていただきたい系。見た目も愛らしい飴雲（右）。どちらも小さく、手に取りやすいのでお土産に最適。

秋に来たならば忘れてはいけないのが栗蒸し羊羹。しっとりした栗を甘い羊羹が包み込む。たまらない味。

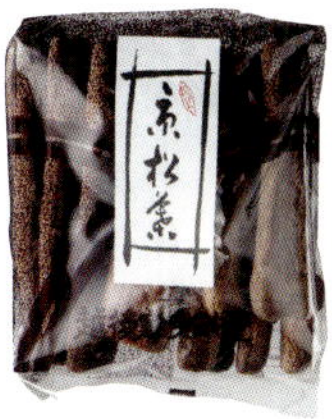

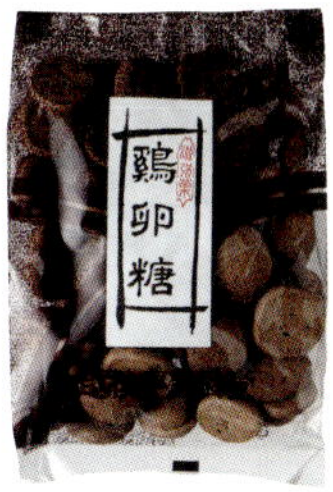

越後家多齢堂ではカステラ生地で作るという鶏卵糖と京松葉を。鶏卵糖はサクサク、京松葉はしっかり歯ごたえ。ふたつ買って、風味や食感の違いを楽しんでもらいます。

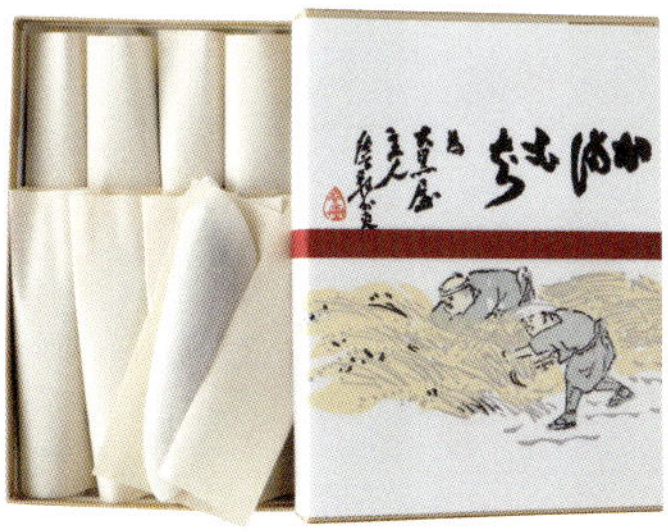

足を延ばしても買いに行きたい大黒屋の鎌餅。ポテッとした姿がいい。ひとつまたひとつと手が伸びます。

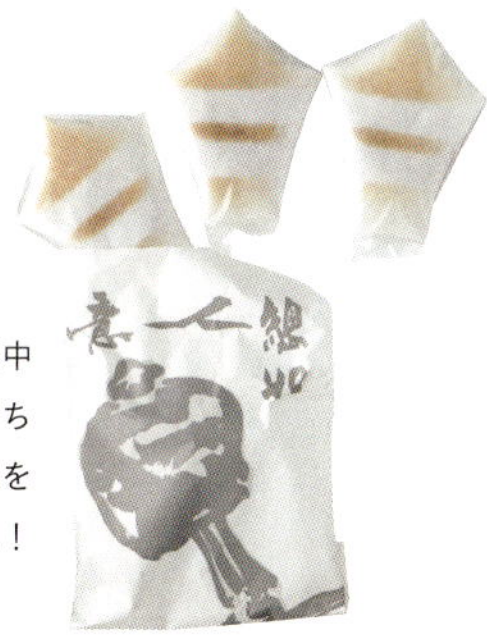

鎌餅とともに買うのが懐中しるこ。こちらは「日持ち系」。お椀に割り入れお湯を注ぐととたんにお汁粉に！

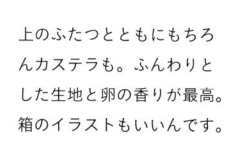

上のふたつとともにもちろんカステラも。ふんわりとした生地と卵の香りが最高。箱のイラストもいいんです。

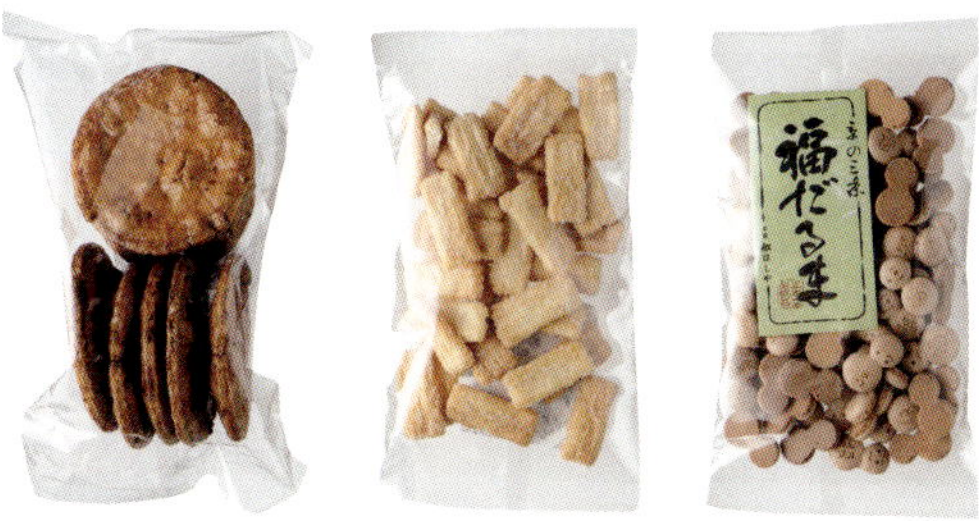

船はしやでは、いつもあれやこれや数種類買いもの。右端はほんのり甘い福だるま。縁起よさげでおいしくてお土産にぴったり。おかきやあられは酒飲みの友人たちにも好評です。

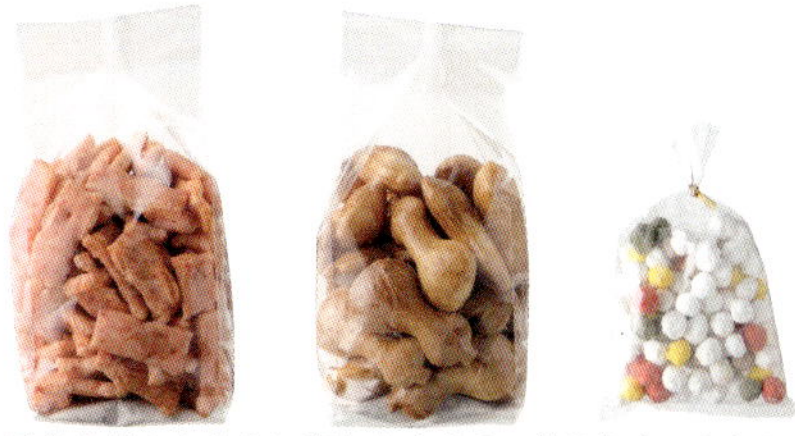

三条大橋のたもとに店をかまえる、船はしやのあられやおかきが大好物。形も味もいろいろで買いものをしていて楽しい店。右端はエンドウ豆と砂糖だけで作るという五色豆。

断言します。色違いは絶対違う服。

ワンピースはどちらもソフィードール。右は東京のセレクトショップで。左のネイビーはその後、パリのボン・マルシェのソルドで買い足しました。

お気づきかもしれませんが、はい、靴も色違いです。シルバーとゴールド、どちらか選べなくてどちらも、というのはよくあるパターン。

新しい服を買うときってワクワクするものです。自分のクロゼットにはない形。パリッとした布の質感。もしかしたらこの服のおかげで、私、新しく生まれ変われるんじゃないか？　とか思ったりしてしまうのです。

　そのはずなのに、なぜか試着が面倒。だって着てる服を脱いで、新しい服を着なくてはならないでしょう(あたりまえ)？　特に重ね着をしている冬などは、面倒くさいなと思う気持ちが加速します。そんなこともあって、試着していいなと思った服は色違いで買ってしまおうとなるわけです。

　このおしゃれ心とは真逆な感じをいく、私の色違い買いは、今に始まったわけではありません。振り返ってみると、20代の初めからのようで、当時からよく友だちに「あれ？　その服の色違い、この前、着てなかったっけ？」と言われる。

　その言葉の中には「まさかね」という気持ちも入っているようですが、もちろん答えはＹＥＳ。

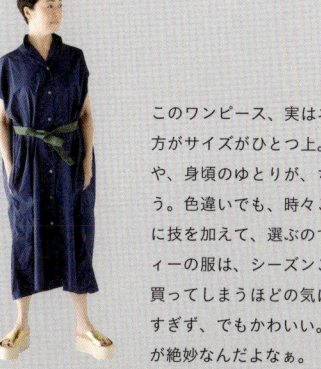

このワンピース、実はネイビーの方がサイズがひとつ上。袖の感じや、身頃のゆとりが、ちょっと違う。色違いでも、時々こんなふうに技を加えて、選ぶのです。ソフィーの服は、シーズンごとに必ず買ってしまうほどの気に入り。甘すぎず、でもかわいい。その塩梅が絶妙なんだよなぁ。

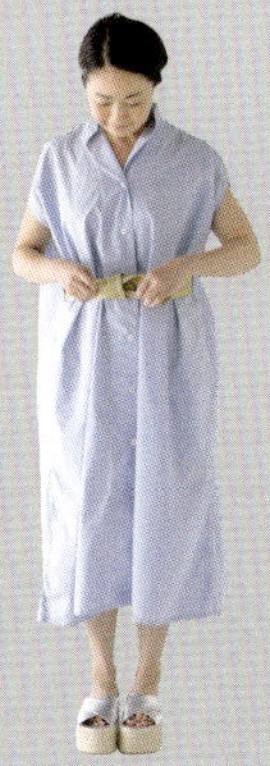

　でもね、私は声を大にして言いたい。「色違いは違う服なのだ」と。ほら、見てください。このワンピース。水色とネイビー、同じブルー系ではあるけれど、着てみると印象はまるで違う。水色はやさしげ、ネイビーはちょっとキリリ。

　肌の映り具合も色によって、全然印象が変わるのです。

　服に靴にバッグ。色違いをババンとふたつ買うこともあれば、ひとつ買って、いいなぁと思うものを買い足すことも。いずれにしても、私のクロゼットは、色違いでいっぱい、なのです。

この写真は旅支度の様子。もちろん、旅にも色違いのワンピースを持参。こちらはsaqui（サキ）のもの。

私のまわりにファンの多い、ニットブランドのSLOANE。同じ形でサイズがいろいろ。まさに色違い好きにはうってつけのブランドではないでしょうか。半袖トップスは季節の端境期にぴったり。

まずは黒を、その後、黄色を買い足したセリーヌのポシェット。3つのポーチが一体化（?）しているため、ここにはお財布と携帯、ここにはハンカチとリップなど、使い分けができてとても重宝。旅にも。

パリ発ブランド、メゾンエヌアッシュパリのラフィアバッグ。素材はラフィア、でも形はクラッチというところにグッとくる。前ページのソフィードールのワンピースとの相性もよし。

友人が手がけるブランド、saqui。毎シーズン展示会のたびに、あれやこれやとオーダーしてしまう危険ブランドです。このイタリアの生地を使ったワンピースはシワになりにくく着ていてラクちん。色違い、それからボートネックとVネックのネック違いで。

上のワンピースと同じ素材のパンツ。もちろんこちらもsaquiのもの。形がきれい、そしてあまりのはき心地のよさに、黒の次、ネイビーを。そしてもう1本、黒を買い、全部で3本。色違いならぬ、「同じもの買い」。あまりに気に入ったものはこんなふうに、同じものを買う傾向にあります。だって、廃番になったら困るもの。

おわりに

最近の私の思いきった買いものといえば、「エステ20回券」です。引力に逆らいまくる体のあれやこれやをどうにかしたいと思っての（自分への）大盤振る舞い。

フランスのかごに憧れを抱いていた、高校生の頃の私が知ったらきっと驚くことでしょう。

でもね「あの頃はよかった」なんて思いません。「あの頃だって今だっていい」。そう思って、前に進みたいものだと思うのです。

さて。この本に出てくる「買（う）」という文字は、およそ479回（当社調べ）。そうかそんなに……と感慨深くなります。

こんなふうに、ひとつの事柄を突き詰めて考えてみると、自分ってこういう人間なんだ、とあらためて気づいたりするものです。

そう、人の数だけ買いものストーリーが潜んでる。

どうぞ一度、「買う」についてじっくり考えてみてください。きっとおもしろい発見があるはずだから。

ふだんから「ママって、ほんとに宵越しのお金を持たないタイプだよね」と娘に言われている私ですが、今はなんと、大きな（容量的にも金額的にも）買いものをしたいがために、お金を貯めようかと計画中。

老後のためというより、欲しいもののためにお金を貯めるというのがいかにも私らしいと親しい人たちは言うけれど、結果、老後のためにもなりそうな買いものだし、いいんじゃないかと思っています。

いつか、その「大きな」買いものについて語れるときがくるといいなぁと思いつつ、これからも少々（それで済むか不安だけれど）節約しながら、買いものしていくつもり。

だって買いものは、自分自身の新陳代謝にもなるし、スカッとするし、ワクワクする。人に喜んでもらえることだってあるんだから、こんなにいいことってないなと思うんです。

買いものっていい。

買いもの、バンザイ！

２０１９年夏　伊藤まさこ

P48-49　京都駅、舞妓でラストスパート！

京 老舗の味「舞妓」
京都駅新幹線改札内
Tel：075-693-5560
営／7：00～21：00　無休
https://www.asty-kyoto.co.jp/asty_kyoto/store/183/

P50-51　仁義あるおつき合い

御箸司 市原平兵衛商店
京都市下京区小石町118-1
Tel：075-341-3831
営／平日　10：00～18：30
　　日・祝日　11：00～18：00
休／1/1～1/3、不定休
https://ichiharaheibei.com

P56-57　取り寄せ嫌いのお取り寄せ

松仙堂
長野県上高井郡小布施町飯田607
Tel：026-247-3262
営／8：00～18：00
不定休　※休業日はHPに掲載
http://www.syousendo.com

京のごまや（祇園むら田）
京都市東山区祇園下河原町478
Tel：075-561-1498
営／10：00～17：30
休／日・祝日　水曜は不定休
※その他、お盆・年末年始等に不定休業日あり
https://www.gion-murata.co.jp

紋四郎丸
神奈川県横須賀市秋谷1-8-5
Tel：046-856-8625
営／8：30～16：30
不定休　※1/1～3/10は禁漁

P66-71　台湾、雑貨と食材　満腹旅

高建桶店
台北市迪化街一段204號
Tel：02-2557-3604
営／9：00～19：00
無休

清淨母語
台北市金華街253-2號
Tel：02-2394-5111
営／9：30～20：30（月～土）　11：00～20：00（日）
無休

P28-31　中華街＆元町90分勝負！

ウチキパン
神奈川県横浜市中区元町1-50
Tel：045-641-1161
営／9：00～19：00　休／月曜（祝日の場合は火曜）
www.uchikipan.com

大木のハムとソーセージ
神奈川県横浜市中区元町5-205
Tel：045-681-6997
営／9：00～18：00　休／日曜、第2・4月曜

もとまちユニオン
神奈川県横浜市中区元町4-166
Tel：045-641-8551　営／10：00～22：00
https://www.keikyu-store.co.jp/motomachi_union/

喜久家
神奈川県横浜市中区元町2-86
Tel：045-641-0545
営／10：00～19：30（火～日）　10：30～18：20（月）
不定休
kiku-ya.jp

頂好食品
神奈川県横浜市中区山下町137
Tel：045-651-0633
営／10：00～21：00　不定休

源豊行本店
神奈川県横浜市中区山下町191
Tel：045-681-5172～3
営／10：30～21：00　休／水曜
www.genhoko.com

華正樓　新館売店
神奈川県横浜市中区山下町164
Tel：045-641-7890
営／10：00～21：30（日～金）　10：00～22：00（土）　不定休
https://www.kaseiro.com

P34-35　通販だってします。ついポチリするものは……。

the lingerie and her film（ランジェリー アンド ハー フィルム）
https://shop.thelingerieandherfilm.com

P46-47　包み紙が好きすぎて

近江屋洋菓子店　神田店
東京都千代田区神田淡路町2-4
Tel：03-3251-1088
営／9：00～19：00（月～土）
　　10：00～17：30（日・祝日　喫茶～17：00）
無休　※年末年始の休業・営業時間は問い合わせを
www.ohmiyayougashiten.co.jp

magnif（マグニフ）
東京都千代田区神田神保町1-17
Tel：03-5280-5911
営／11：00～19：00
休／不定休
http://www.magnif.jp

ビヤホール　ランチョン
東京都千代田区神田神保町1-6
Tel：03-3233-0866
営／11：30～21：00LO（土曜は～20：00LO）
休／日・祝日
www.luncheon.jp

コミック高岡
※2019年3月に閉店しました

さぼうる
東京都千代田区神田神保町1-11
Tel：03-3291-8404
営／9：30～23：00（22：30LO）
休／日・祝日

P110-111　お土産買いの極意

鍵善良房
京都市東山区祇園町北側264
Tel：075-561-1818
営／菓子販売　9：00～18：00　喫茶　9：30～18：00
（17：45LO。混雑状況により変更あり）
休／月曜（祝日の場合は翌日）
https://www.kagizen.co.jp

大黒屋鎌餅本舗
京都市上京区寺町通今出川上ル4丁目西入ル阿弥陀寺前町25
Tel：075-231-1495
営／8：30～18：30
休／第2・4水曜

越後家多齢堂
京都市上京区今出川通千本東入ル
Tel：075-431-0289
営／9：00～18：00
休／水曜、第3火曜
http://www.echigoya-kasutera.com

本家 船はしや
京都市中京区三条通河原町東入ル 中島町112
Tel：075-221-2673
営／10：00～20：00　無休
http://www.funahashiya.com

※ここで紹介するショップデータは2019年7月26日現在のものです。
※この本で紹介しているものはすべて著者の私物のため、同じものが購入できない場合があります。ご了承ください。

手天品社區食坊
台北市潮州街188-1號
Tel：02-2343-5874
営／9：00～20：00（月～木）
9：00～21：00（金）
9：00～18：00（土）
休／日曜

小慢
台北市泰順街16巷39號
Tel：02-2365-0017
営／10：00～18：00
休／月曜

東門興記
台北市金山南路一段120號
営／8：00～18：00
休／不定休　※市場各店舗で営業時間、休みは異なる
月曜休みが多い

你好我好
台北市涼州街45號1樓
Tel：02-2557-6665
営／10：00～18：00
休／水曜

沁園
台北市永康街10-1號
Tel：02-2321-8975
営／11：00～21：00
無休

勝豐食品行
台北市迪化街一段154號
Tel:02-2553-0541
営／9:30～19:30（月～土　日～15：00）

P82-83　土曜、朝一番のNISSINで

日進ワールドデリカテッセン
東京都港区東麻布2-32-13
Tel：03-3583-4586
営／8：30～21：00　無休
http://www.nissin-world-delicatessen.jp

P94-97　神保町、古本屋巡りとおいしいもの

悠久堂書店
東京都千代田区神田神保町1-3-2
Tel：03-3291-0773
営／10：15～18：45
10：45～18：15（祝日）
休／日曜、年末年始（12/28～1/4）
https://yukyudou.com

伊藤まさこ（いとう　まさこ）

1970年生まれ。文化服装学院でデザインと服作りを学ぶ。暮らしまわりのスタイリストとして女性誌や単行本で活躍。モノを見極める確かな目と日常を楽しく彩るセンスが幅広い支持を集めている。最近では、「欲しいものを作る」をコンセプトにWebサイト「ほぼ日」内のweeksdaysという店のディレクターもつとめる。近刊に『伊藤まさこの器えらび』（PHP研究所）、『おいしい時間をあの人へ』『そろそろ、からだにいいことを考えてみよう』（ともに朝日新聞出版）、『フルーツパトロール』（マガジンハウス）など。

本書は書き下ろしです。
（P28〜31は雑誌LEE 2016年7月号、P66〜71は雑誌LEE 2017年3月号からそれぞれ一部を流用し再構成したものです）

ブックデザイン　渡部浩美
写真　広瀬貴子
豊田哲也（P28〜31）
伊藤まさこ（インスタグラム）
イラスト　胡春（P90〜91）

伊藤まさこの　買いものバンザイ！

2019年8月31日　第1刷発行
2019年10月8日　第2刷発行

著者　伊藤まさこ
発行者　茨木政彦
発行所　株式会社　集英社
〒101-8050　東京都千代田区一ツ橋2-5-10
電話　編集部　03-3230-6141
読者係　03-3230-6080
販売部　03-3230-6393（書店専用）

印刷所　大日本印刷株式会社
製本　共同製本株式会社

Printed in Japan　ISBN978-4-08-781675-4　C0095